U0231240

景璟 卜亚杰 张琳悦 著

图解景观设计

布局规划·场地分析·节点处理

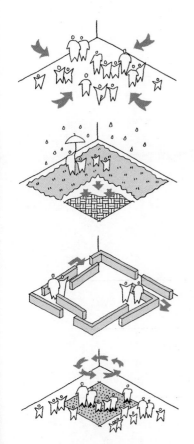

化学工业出版社

·北京·

内容简介

本书收录了38个现代景观设计优秀案例，将其按照使用情景分为8类，并总结了每个案例的设计要点，让读者能够快速而精准地了解和学习景观设计的思路。书中使用手绘的形式对景观案例进行深入解剖，对其原有场地状态、规划布局选择、路径生成原因、植被布置、节点处理等内容进行分析，帮助读者深入理解景观设计方式及思维过程。

本书既可以拓展读者的视野，又能够启发设计思维，适合风景园林、城市规划、环境艺术设计专业的师生，相关专业的设计师，以及对景观设计过程感兴趣的大众读者阅读。

图书在版编目（CIP）数据

图解景观设计：布局规划·场地分析·节点处理 / 景璟，卜亚杰，张琳悦著 . — 北京：化学工业出版社，2022.6（2024.7重印）
ISBN 978-7-122-41446-5

Ⅰ. ①图… Ⅱ. ①景… ②卜… ③张… Ⅲ. ①景观设计-图解 Ⅳ. ① TU986.2-64

中国版本图书馆 CIP 数据核字（2022）第 086483 号

责任编辑：吕梦瑶　　　　　　　　　　　装帧设计：对白设计
责任校对：李雨晴

出版发行：化学工业出版社（北京市东城区青年湖南街 13 号　邮政编码 100011）
印　　装：中煤（北京）印务有限公司
787mm×1092mm　1/16　印张 14½　字数 420 千字　2024 年 7 月北京第 1 版第 3 次印刷

购书咨询：010-64518888　　　　售后服务：010-64518899
网　　址：http://www.cip.com.cn
凡购买本书，如有缺损质量问题，本社销售中心负责调换。

定　　价：98.00 元

版权所有　违者必究

前言

在多数情况下，只是通过文字来理解设计内容是有些困难的，编写这本书的初衷就是希望能够借助"图形表达"让业余爱好者更轻松、直观地了解景观基础知识。而对于景观方向的专业读者来说，案例分析以及图解表达一直是重要的专业技能，通过阅读优秀的图解案例带来的进步相比较常规学习流程而言更加快速、高效。这种方式不仅能够积累设计素材，还能全面、综合地提升理解和分析问题的能力以及整体设计能力。

根据目前景观设计常涉及的领域，我们从社区生活景观、商业办公景观、滨水湿地景观、废弃地再生景观、儿童及校园景观、公共文化景观、新农村景观和遗址公园景观中精选了优秀设计案例进行展开图解分析。本书选题角度新颖、内容翔实，没有采用照片配合文字讲解的常规形式，而是在分析作品前期诉求后，利用图解的方式从两个设计要点出发对案例展开具体分析。另外，为了方便读者快速查阅，在书中特地制作了一目了然的目录速查表，让读者能够迅速地找到想要了解的景观作品。

本书有三个主要特点。第一是专业性。尽管借助通俗易懂的图形来表达设计思想，但是约1300幅精选手绘图都与原案例有准确的比例关系，图解设计过程也经过反复推敲和思考，确保做到最大限度再现原方案的设计初衷。第二是可读性。画图与读图是两个过程，因此在草图完成后，我们又从读者的阅读角度出发对图形进行删减和增补，通过多次调整和组织让它们更符合阅读逻辑，并通过突出设计重点来提高本书的可读性，确保零基础的读者也能顺利通畅地完成阅读。第三是准确性。我们反复核对、校正书中的标注及描述文字，尽量减少晦涩难懂的专业用语，并查找大量的相关资料来保证信息传递的准确和完整。但是由于时间的仓促，本书在完成过程中难免会产生疏漏以及对原方案理解不透彻等问题，希望能够得到各位读者的谅解。

在这里特别感谢硕士研究生刘玉琪同学在本书绘制过程中的帮助，这些工作占据了她大量的课余时间，但她不求回报、任劳任怨，具体工作包括绘制部分效果图、参与本书的排版、添加部分文字和案例介绍，以及文字校对等。此外，本科生薛妍同学、硕士研究生段丽颖同学、硕士研究生王瑞佳同学、硕士研究生王建秋同学也参与了本书的图片整理、排版和文字校对等工作，在此一并深表感谢！

著者

目 录 CONTENTS

第1章 社区生活景观 ·· 1

1.1 利用场地条件创造充满野趣的互动社区公园 ·········· 2

1.2 流线型场地提升老旧社区的亲密感 ···················· 8

1.3 环形跑道塑造多层次社区景观层次 ···················· 12

1.4 利用 Z 形步道系统处理高度落差 ····················· 20

1.5 以长廊作为街道与社区的边界 ······················· 26

1.6 借助雨水花园改善中心城市硬质环境 ················· 32

第2章 商业办公景观 ·· 37

2.1 利用二层架空景观廊道实现人车分流 ················· 38

2.2 利用拼图式的铺装肌理丰富商业景观空间 ············ 44

2.3 利用植物浮岛创造科幻感的商业景观 ················· 50

2.4 将绿岛景观置入不规则的商业场地之中 ·············· 54

2.5 利用竖向绿化丰富城市建筑立面 ···················· 60

第3章 滨水湿地景观 ·· 67

3.1 借助自然地形重塑城市滨河环境 ···················· 68

3.2 利用多样的景观步道柔化自然与城市的边界 ·········· 74

3.3 以梯级净化的思路应对水质污染问题 ················· 82

3.4 通过对水的综合处理来恢复和重建自然河滩景观 ······ 90

3.5 借助游线聚合串联分散的绿地 ······················· 94

3.6 尊重场地环境，因地制宜改造城市水岸空间 ·········· 98

第4章 废弃地再生景观 ·· 105

4.1 以最少的干预实现矿坑的生态修复与文化重塑 ········· 106

4.2 独特的场地条件营造丰富的场所体验 ················· 112

4.3 保持与环境高度契合的聚拢型公共场域景观 ············ 118

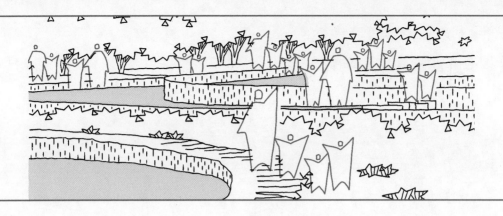

第 5 章　儿童及校园景观 ············· **125**

　5.1　以水元素为主题的儿童感官乐园 ············· 126

　5.2　用折叠高差的方式回归空间创造亲子乐园 ············· 130

　5.3　运用漂浮屋顶构建趣味儿童游乐园 ············· 134

　5.4　以圆环活动圈为核心的新型社区环境 ············· 140

　5.5　树下景观空间的开放式处理与利用 ············· 146

第 6 章　公共文化景观 ············· **151**

　6.1　对称式布局与叙事性手法的融合处理 ············· 152

　6.2　利用大地景观的手法整合外部环境与内部环境 ············· 162

　6.3　通过圆弧扩散放大附属景观环境 ············· 168

　6.4　叠加社区生活与会展功能的屋顶花园景观 ············· 172

　6.5　以封闭的思路处理庭院空间 ············· 176

第 7 章　新农村景观 ············· **183**

　7.1　尊重场地属性的乡情景观 ············· 184

　7.2　强化慢行交通，增添公共体验感 ············· 190

　7.3　在低成本场地上创造儿童互动场所 ············· 194

第 8 章　遗址公园景观 ············· **201**

　8.1　尊重自然生态，以低介入的手法修复、完善地貌景观 ·····202

　8.2　梯级场域的水净化过程 ············· 206

　8.3　利用亲水护岸解决水位变化的生态船厂公园 ············· 210

　8.4　利用下沉场地改造流动戏水空间 ············· 216

　8.5　利用管道系统形成丰富的游线体验 ·····220

参考文献 ············· **224**

第 1 章

社区生活景观

1.1 利用场地条件创造充满野趣的互动社区公园

（1）多元、开放的社区公园环境再造

本项目拆除了原有围墙，以实现公园与周围社区及街道的畅通无阻，并用多元、开放的边界引导人们进入公园活动，同时还完善了场地内的基础服务设施和休憩娱乐场所，使原本封闭的荒废场地转变为多元、开放的社区公园。

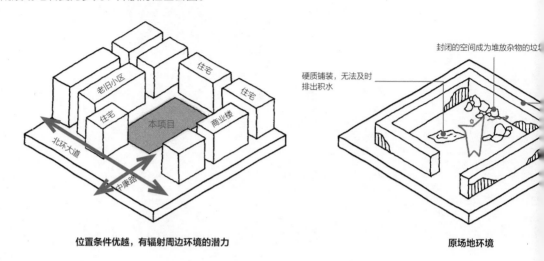

位置条件优越，有辐射周边环境的潜力　　　　　　　**原场地环境**

项目名称及地点	深圳梅丰社区公园，广东省深圳市福田区
设计单位及时间	深圳市自组空间设计有限公司，2019年
项目面积	4674.35m²
项目简介	场地位于人口密度高的梅丰社区中，由于城市建筑老化，所以外环境品质不高。再加上场地长期空置，缺乏维护管理，导致杂草丛生，垃圾堆放，成为无人问津的废弃场地，附近居民将其占用为临时停车场，整个场地毫无生机与活力。改造之后，这里成为生态、开放的社区公园，在实现可达性的基础上使其成为人们喜爱的公共活动场所

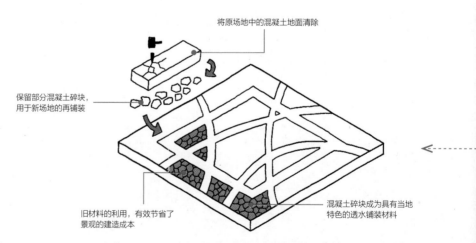

利用废弃建筑材料改造，形成特色透水花园

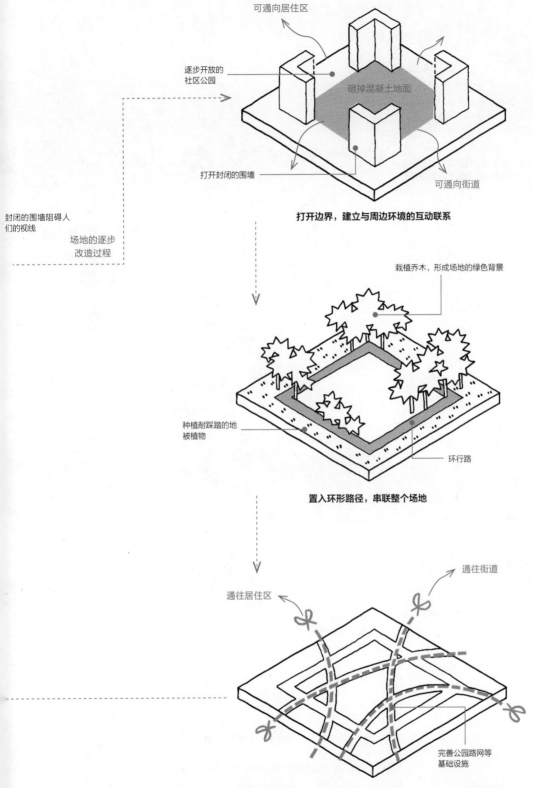

可通向居住区

逐步开放的
社区公园

砸掉混凝土地面

打开封闭的围墙

可通向街道

封闭的围墙阻碍人
们的视线

场地的逐步
改造过程

打开边界，建立与周边环境的互动联系

栽植乔木，形成场地的绿色背景

种植耐踩踏的地
被植物

环行路

置入环形路径，串联整个场地

通往街道

通往居住区

完善公园路网等
基础设施

**在环行路径的基础上，将场地划分出更多的功能区块，以通达的路网
系统构成社区公园的骨架**

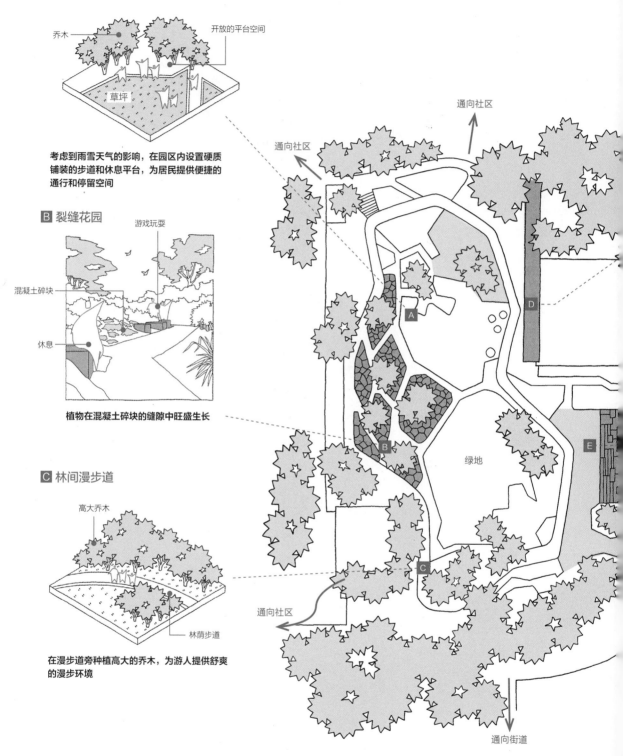

A 休息平台

乔木

开放的平台空间

草坪

考虑到雨雪天气的影响，在园区内设置硬质铺装的步道和休息平台，为居民提供便捷的通行和停留空间

B 裂缝花园

游戏玩耍

混凝土碎块

休息

植物在混凝土碎块的缝隙中旺盛生长

C 林间漫步道

高大乔木

林荫步道

在漫步道旁种植高大的乔木，为游人提供舒爽的漫步环境

通向社区

通向社区

通向社区

绿地

通向社区

通向街道

改造后的公园动静功能区分开，各项活动互不影响

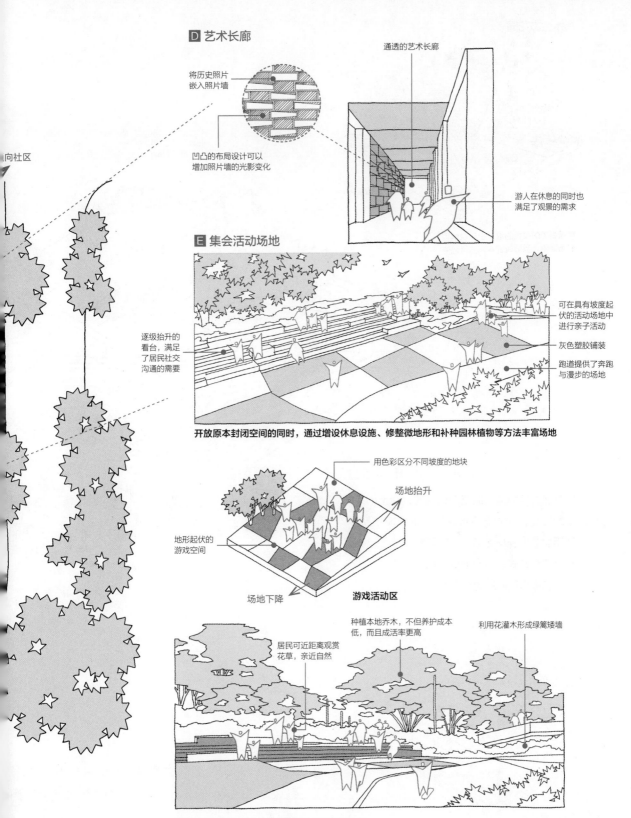

D 艺术长廊

通透的艺术长廊

将历史照片嵌入照片墙

凹凸的布局设计可以增加照片墙的光影变化

游人在休息的同时也满足了观景的需求

向社区

E 集会活动场地

逐级抬升的看台，满足了居民社交沟通的需要

可在具有坡度起伏的活动场地中进行亲子活动

灰色塑胶铺装

跑道提供了奔跑与漫步的场地

开放原本封闭空间的同时，通过增设休息设施、修整微地形和补种园林植物等方法丰富场地

用色彩区分不同坡度的地块

场地抬升

地形起伏的游戏空间

场地下降

游戏活动区

种植本地乔木，不但养护成本低，而且成活率更高

居民可近距离观赏花草，亲近自然

利用花灌木形成绿篱矮墙

利用乔木和灌木界定空间并营造社区的舒适空间

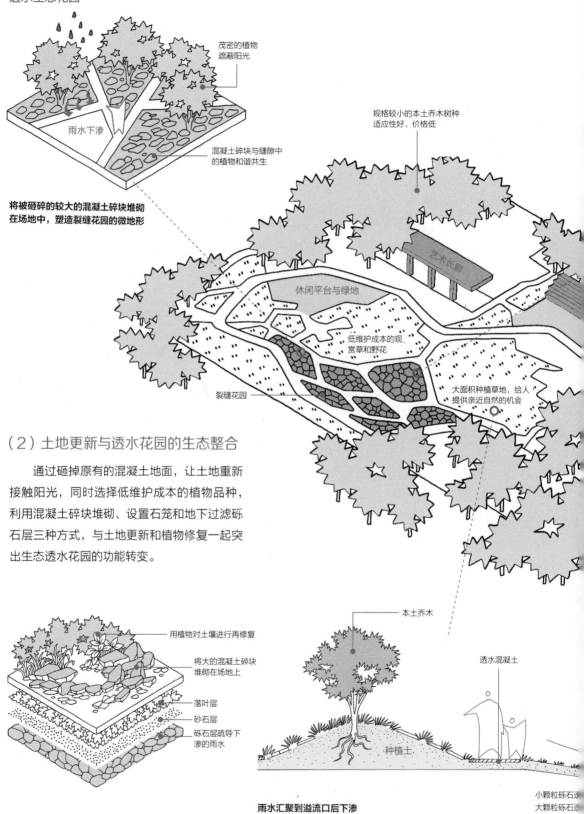

透水生态花园

茂密的植物
遮蔽阳光

规格较小的本土乔木树种
适应性好、价格低

雨水下渗

混凝土碎块与缝隙中
的植物和谐共生

将被砸碎的较大的混凝土碎块堆砌
在场地中，塑造裂缝花园的微地形

艺术长廊

休闲平台与绿地

低维护成本的观
赏草和野花

大面积种植草地，给人
提供亲近自然的机会

裂缝花园

（2）土地更新与透水花园的生态整合

通过砸掉原有的混凝土地面，让土地重新
接触阳光，同时选择低维护成本的植物品种，
利用混凝土碎块堆砌、设置石笼和地下过滤砾
石层三种方式，与土地更新和植物修复一起突
出生态透水花园的功能转变。

用植物对土壤进行再修复

将大的混凝土碎块
堆砌在场地上

落叶层

砂石层

砾石层疏导下
渗的雨水

本土乔木

透水混凝土

种植土

雨水汇聚到溢流口后下渗

小颗粒砾石透
大颗粒砾石透

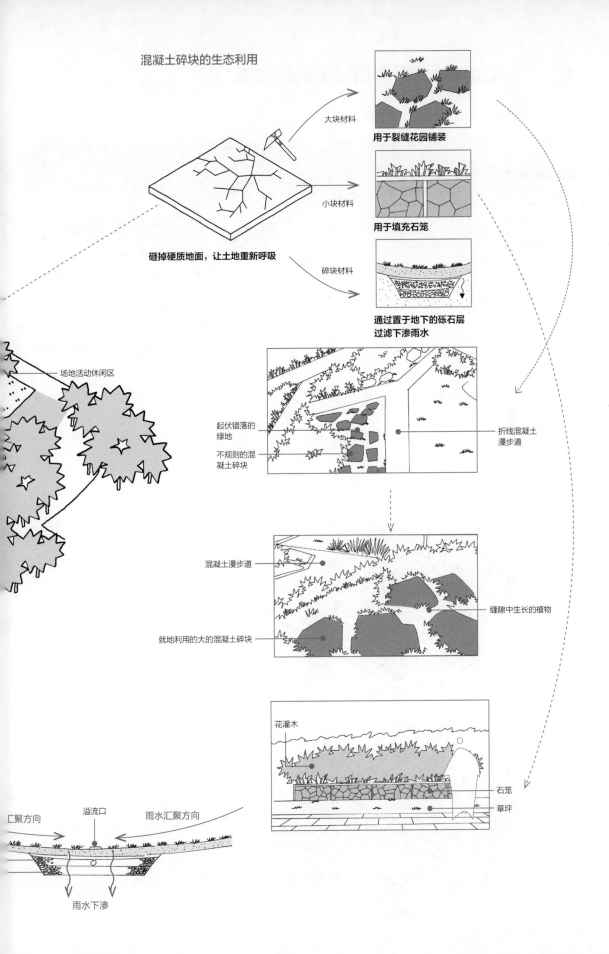

混凝土碎块的生态利用

大块材料

小块材料

碎块材料

砸掉硬质地面，让土地重新呼吸

用于裂缝花园铺装

用于填充石笼

通过置于地下的砾石层
过滤下渗雨水

场地活动休闲区

起伏错落的
绿地

不规则的混
凝土碎块

折线混凝土
漫步道

混凝土漫步道

缝隙中生长的植物

就地利用的大的混凝土碎块

花灌木

石笼

草坪

汇聚方向　溢流口　雨水汇聚方向

雨水下渗

1.2 流线型场地提升老旧社区的亲密感

（1）塑造提升活力的年轻城市节点

无趣的直线路径被充满活力的曲线路径所替代，形成更加多样化的休闲空间，吸引更多人聚集和停留。

项目名称及地点	东山少爷南广场社区公园改造，广州市越秀区
设计单位及时间	哲迳建筑师事务所，2020年
项目面积	898m²
项目简介	东山少爷南广场是重要的城市公共节点，但由于使用人群单一，利用率一直比较低。改造后的广场不仅满足了过往人群快速通行的需求，也为周边居民提供了休闲娱乐的公共空间

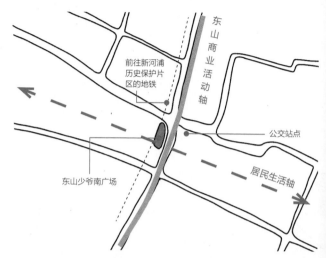

东山少爷南广场位于商业区与居住区的交汇处，包含多个便利公交站和地铁出入口，是重要的城市公共节点

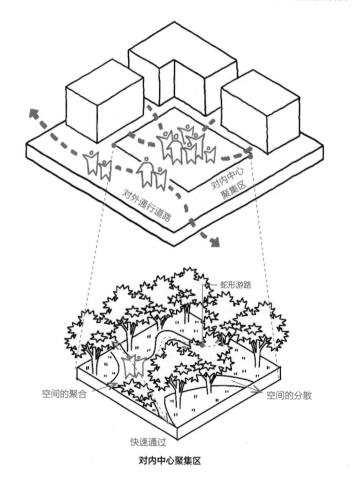

场地虽紧临城市交通干道，但内部却是封闭、安静的社区休闲空间，场地内外动线互不干涉，相对独立

利用空间的聚散来设计不同的游线形式，提高场地的利用率

对内中心聚集区

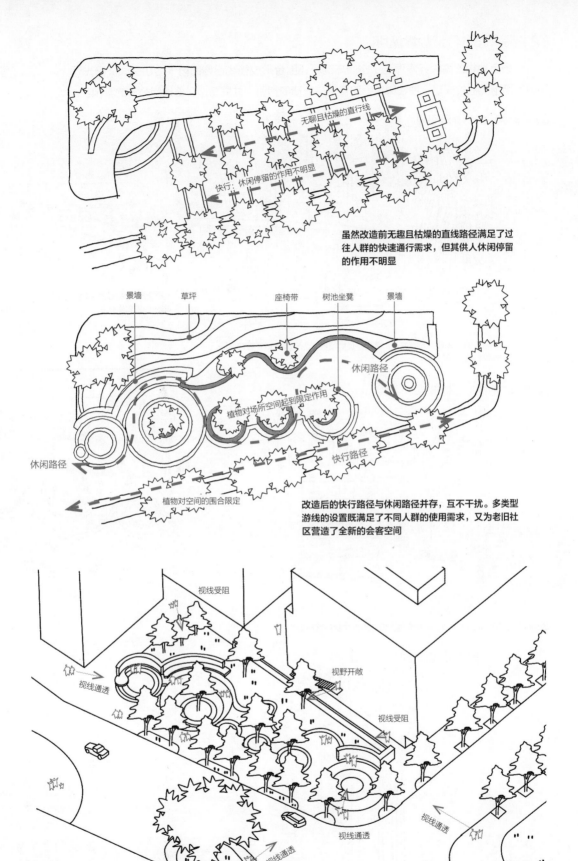

无聊且枯燥的直行线

快行：休闲停留的作用不明显

虽然改造前无趣且枯燥的直线路径满足了过往人群的快速通行需求，但其供人休闲停留的作用不明显

景墙　草坪　座椅带　树池坐凳　景墙

休闲路径

休闲路径

植物对场所空间起到限定作用

快行路径

植物对空间的围合限定

改造后的快行路径与休闲路径并存，互不干扰。多类型游线的设置既满足了不同人群的使用需求，又为老旧社区营造了全新的会客空间

视线受阻

视线通透

视野开敞

视线受阻

视线通透

视线通透

视线通透

（2）高大乔木营造静谧场所

广场上种植的高大乔木界定了空间高度，还围合形成视线通畅的树下活动空间。阳光透过叶片洒下美丽的光斑，曲线树池为路径带来流动的指引，共同营造了舒适而静谧的氛围。

A 被树木环绕的林荫空间

用高大的乔木围合空间

展示东山地域文化的景墙

视线受阻

视线延长

通过景墙对视线的控制，形成丰富的视觉变化

围合的空间吸引人群进入，缓和舒适的植被线为空间营造了安静平和的空间氛围

B 林荫下的曲形座椅带

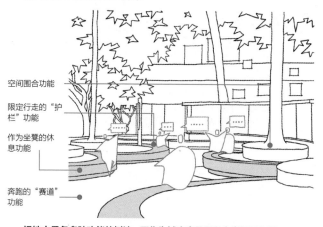

空间围合功能

限定行走的"护栏"功能

作为坐凳的休息功能

奔跑的"赛道"功能

场地中具备多种功能的树池，可作为城市家具用以丰富低区空间

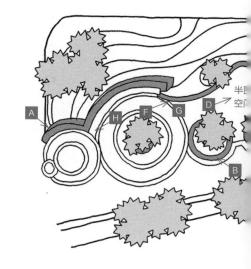

半围空间

场地中具备多种功能的树池，可作为城市家具用以丰富低区空间

C 景观设计中的光影营造

景墙形成的围合空间吸引人群聚集逗留

视野通畅

高大乔木营造出静谧的氛围

阳光透过叶片形成美丽自然的光斑图案

H 座椅带形成的半围合空间

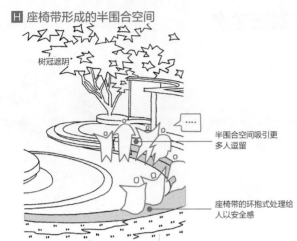

树冠遮阴

半围合空间吸引更
多人逗留

座椅带的环抱式处理给
人以安全感

半围合空间可以提供半私密的空间，给
人以安全感

G 曲线串联的场地平面布局

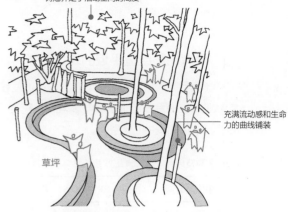

树冠界定了活动空间的高度

充满流动感和生命
力的曲线铺装

草坪

流动的曲线可以有效延伸小公园的休闲路线，更好
地利用与丰富社区空间

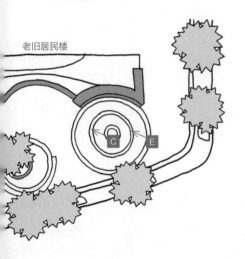

老旧居民楼

C E

F 生活空间与休闲空间的有效融合

阳光穿过有层
次的叶片

植株高大的
小叶榄仁

老旧居民楼

视线开阔

视线受阻

视线通畅

分隔居住区与
活动区

围墙

斑驳的树荫

高大植株营造出既限定又开放的空间

D 景观空间中的竖向层次

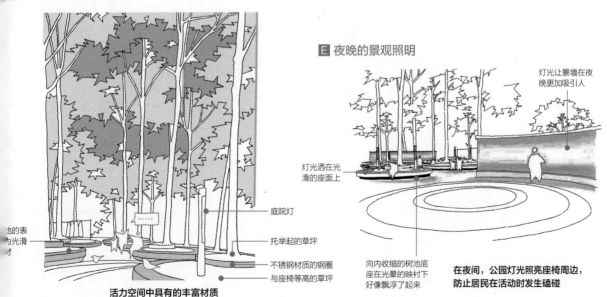

E 夜晚的景观照明

灯光让景墙在夜
晚更加吸引人

灯光洒在光
滑的座面上

地的表
为光滑
才

庭院灯

托举起的草坪

不锈钢材质的钢圈

与座椅等高的草坪

向内收缩的树池底
座在光晕的映衬下
好像飘浮了起来

活力空间中具有的丰富材质

在夜间，公园灯光照亮座椅周边，
防止居民在活动时发生磕碰

1.3 环形跑道塑造多层次社区景观层次

（1）用微地形改造平坦的绿地环境

　　本项目的原场地地势平坦开阔，改造过程中通过挖填土方获得
起伏地形，有利于打造多种功能场所。同时保留中央的平坦地势，
以形成居民的集中汇聚空间。

项目名称及地点	北京大兴龙熙旭辉住宅社区公园，北京市大兴区
设计单位及时间	DDON BEIJING STUDIO6，2015 年
项目面积	30000m²
项目简介	根据场地中林木种植的走势进行场地功能区的划分，并用环形道路将各个功能区进行串联，同时结合微地形打造多层次的社区景观

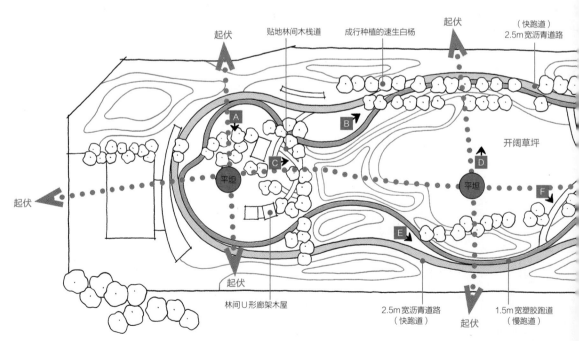

A—林间U形廊架木屋；B—通向林间木屋的路径；C—林间贴地木栈道；D—开阔草坪区域；
E—穿插分合的两种路径；F—彩虹木栈道；G—儿童活动区

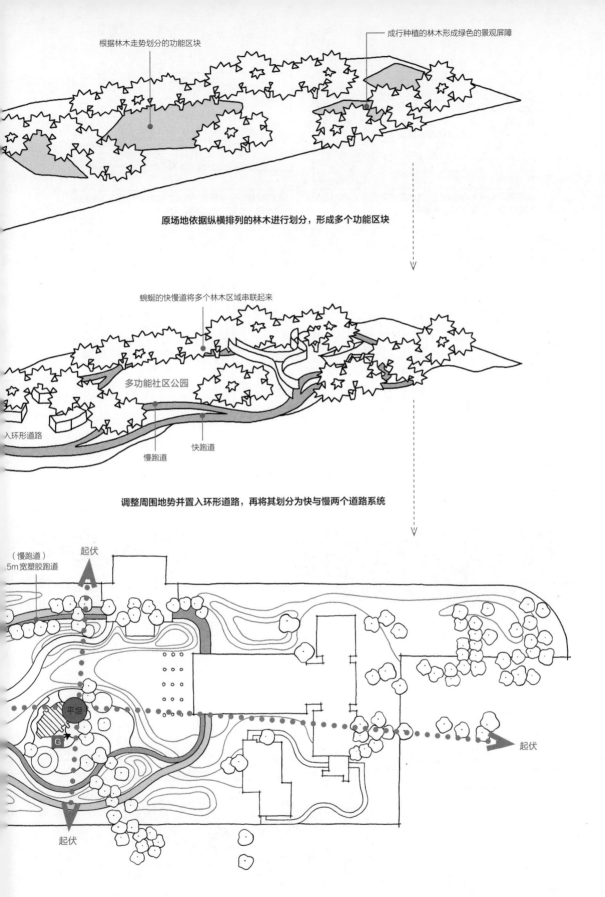

根据林木走势划分的功能区块

成行种植的林木形成绿色的景观屏障

原场地依据纵横排列的林木进行划分，形成多个功能区块

蜿蜒的快慢道将多个林木区域串联起来

多功能社区公园

入环形道路

慢跑道

快跑道

调整周围地势并置入环形道路，再将其划分为快与慢两个道路系统

（慢跑道）
5m宽塑胶跑道

起伏

平坦

G

起伏

起伏

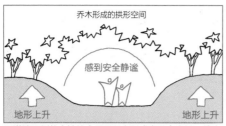

乔木形成的拱形空间

感到安全静谧

地形上升   地形上升

用道路两侧的土坡结合周围乔木形成半围合空间，使人们感到极大的安全感与静谧感

视线开阔   视线受阻

地形上升

人们的视线既可以聚焦于近处的植物也可以转向远处的开阔地带，丰富了游览的视觉体验

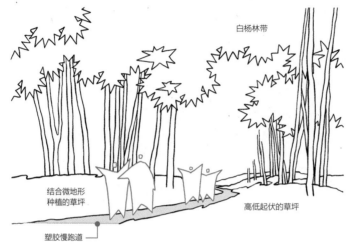

白杨林带

蜿蜒的慢跑道穿梭在成行的白杨林带中，跑道两侧结合微地形种植高低起伏的草坪，引导了使用者的视线及活动轨迹

结合微地形种植的草坪

高低起伏的草坪

塑胶慢跑道

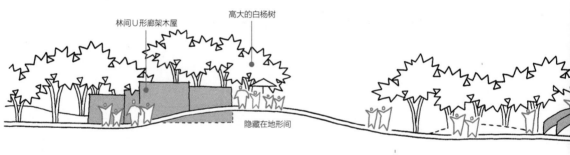

林间U形廊架木屋   高大的白杨树

隐藏在地形间

林下聚集场所   起伏木栈

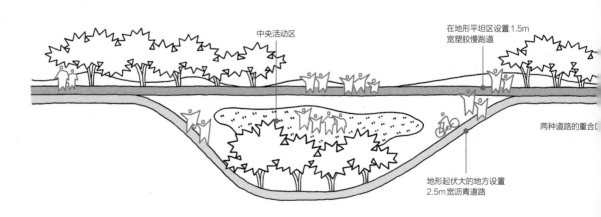

中央活动区   在地形平坦区设置1.5m宽塑胶慢跑道

两种道路的重合□

地形起伏大的地方设置2.5m宽沥青道路

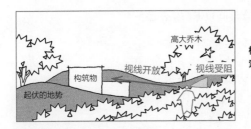

构筑物巧妙利用地势的起伏及植物遮挡,增强了探索的乐趣与游玩的体验感

起伏的地势　构筑物　视线开放　视线受阻　高大乔木

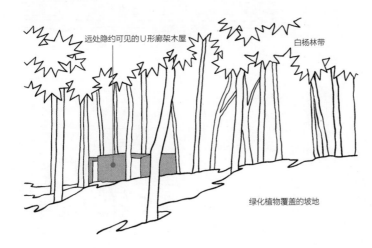

远处隐约可见的U形廊架木屋　白杨林带

绿化植物覆盖的坡地

运用起伏地形对林间U形廊架木屋进行遮挡,可以增强木屋的私密性并引发游人的探索欲

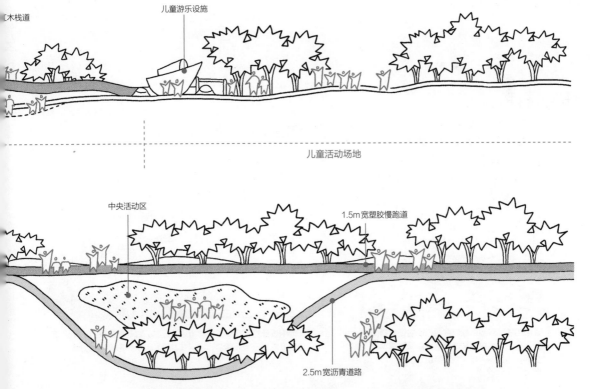

木栈道　儿童游乐设施

儿童活动场地

中央活动区　1.5m宽塑胶慢跑道

2.5m宽沥青道路

快慢两条跑道在树林中穿插,重合时人们可以互动交流,分开时人们可以专注于运动过程中

15

（2）借助环形跑道塑造多样的社区景观层次

纵横排列的树林中，两条分分合合的快慢跑道将场地进行灵活的功能分区，再通过南北方向的贴地和架高两种方式铺设的木栈道进行连接。而隐匿在林中的U形廊架木屋又进一步塑造出内容丰富的场地环境。

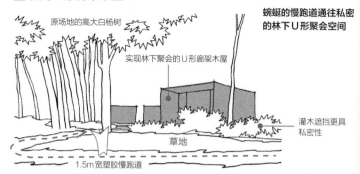

A 林间U形廊架木屋

原场地的高大白杨树

实现林下聚会的U形廊架木屋

蜿蜒的慢跑道通往私密的林下U形聚会空间

灌木遮挡更具私密性

草地

1.5m宽塑胶慢跑道

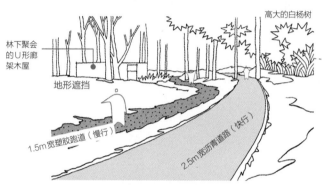

B 通向林间木屋的路径

高大的白杨树

林下聚会的U形廊架木屋

地形遮挡

1.5m宽塑胶跑道（慢行）

2.5m宽沥青道路（快行）

静

私密

慢行的塑胶跑道通往林中较为私密的U形廊架木屋，而快行的沥青道路则与U形廊架木屋保持了空间与距离

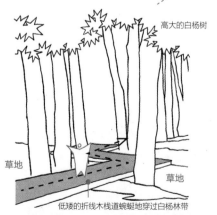

C 林间贴地木栈道

高大的白杨树

草地

草地

低矮的折线木栈道蜿蜒地穿过白杨林带

折线形的林间贴地木栈道在成行的白杨林带间穿梭，在高大的树木与低矮的栈道间形成丰富的空间对比关系，让人感觉亲切、放松

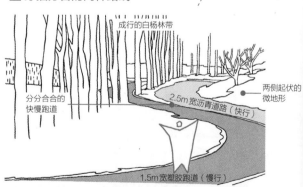

E 穿插分合的两种路线

成行的白杨林带

分分合合的快慢跑道

两侧起伏的微地形

2.5m宽沥青道路（快行）

1.5m宽塑胶跑道（慢行）

场地中设计的两条道路将林带串联起来，即较宽的快行沥青道路和较窄的慢行塑胶跑道，它们在林带和起伏地形间穿插分合

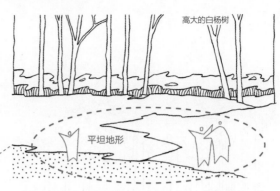

高大的白杨树

平坦地形

将场地中央原有的灌木丛改为平坦开阔的草坪。草坪区视野开阔，阳光充足，成为居民聚集的场地

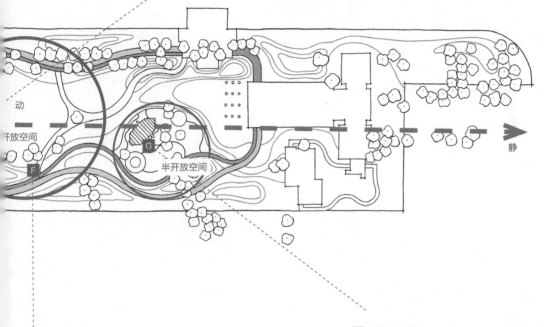

动

开放空间

半开放空间

F

G

静

F 彩虹木栈道

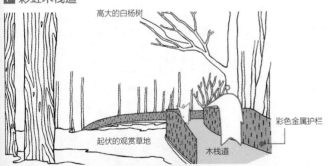

高大的白杨树

彩色金属护栏

起伏的观赏草地

木栈道

在场地中央置入 Y 形彩虹木栈道，将公园的南北区域连接起来，同时架高的桥体也丰富了平坦草坪区的纵向空间层次

G 儿童活动区

树木围合

微地形

与微地形结合的设施

彩色图案橡胶铺地

儿童活动区利用树木围合出安全的游戏环境，并设计了与微地形相结合的游乐设施为孩子们提供多样的感官体验。地面上铺设的色彩艳丽的丰富图案，吸引更多儿童前来游玩

A 林间U形廊架木屋

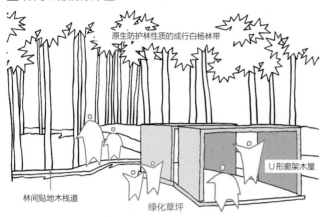

原生防护林性质的成行白杨林带

U形廊架木屋

林间贴地木栈道

绿化草坪

保留现有树木，置入U形廊架木屋，打造小型社交空间

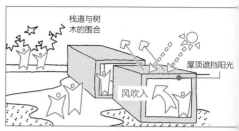

栈道与树木的围合

屋顶遮挡阳光

风吹入

栈道与树木将U形廊架木屋围合起来，形成类似于传统的庭院空间，使用者在这个围合的空间中可以获得宁静的体验感

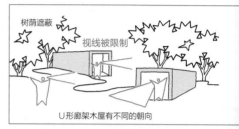

树荫遮蔽

视线被限制

U形廊架木屋有不同的朝向

不同朝向的U形廊架木屋营造出不同的私密空间，也为家庭的社交活动提供了无限的可能

F 彩虹木栈道

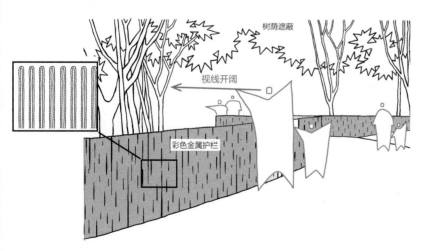

树荫遮蔽

视线开阔

彩色金属护栏

人们站在Y形彩虹木栈道上可以远眺公园

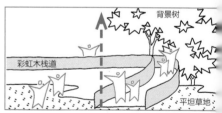

背景树

彩虹木栈道

平坦草地

在平坦的场地中置入具有高差变化的彩虹木栈道后，道与背景树木及下方草地共同丰富着场地的景观层次

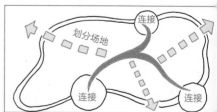

连接

划分场地

连接

连接

在环形的场地布局之中，Y形彩虹木栈道不仅连接环形道路，还划分了场地

G 儿童活动区

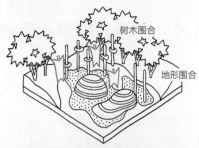

儿童活动区应避免选用过于尖锐的活动器材，以免造成儿童受伤，同时周围种植树木为儿童活动遮挡阳光

儿童活动区提供多种多样的活动内容，如攀登、爬、滚、坐等，最大程度地满足儿童的游戏需求

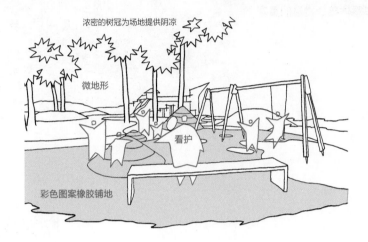

E 穿插分合的两种路线

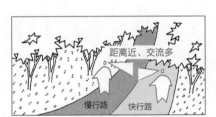

在环形路的布局中，有一部分是快行路与慢行路的混合路段，为居民的社交提供可能

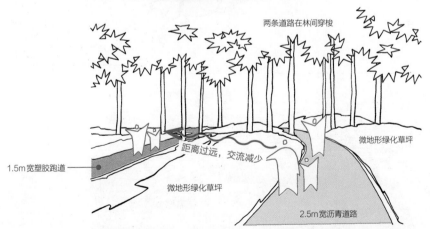

另一部分是两条路线彼此分离各行其路，中间由绿地或者灌木进行阻断，人们的交流减少

1.4 利用Z形步道系统处理高度落差

（1）高落差地形的景观处理与细部解析

借助当地曲折的山路元素，设计Z形步道解决地形落差较大的问题，再通过加入台阶、坡道以及拐角平台创造多重休憩、赏景的景观空间。

山形雕塑

利用鲜艳的钢板景墙分隔纵向空间

条石

水渠

喷泉

延伸扩大场所功能

加入座椅可供休憩

场地地形高差

B 高差坡地的细部处□

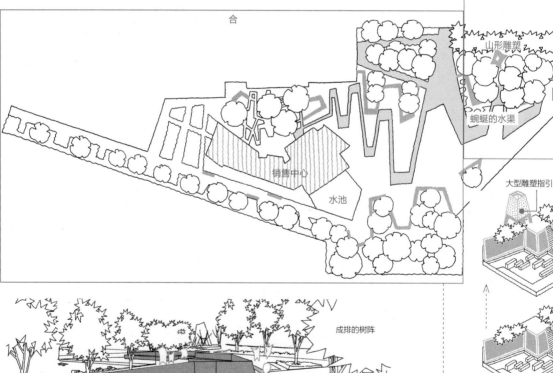

合

销售中心

水池

鲜艳的钢板兼具座椅

山形雕塑

C

蜿蜒的水渠

大型雕塑指引

加入丰富

成排的树阵

鲜艳的钢板景墙兼具座椅功能

折线形铺装

座椅

水渠

条石

用纵向条石丰富静水，重量感平衡了下沉空间

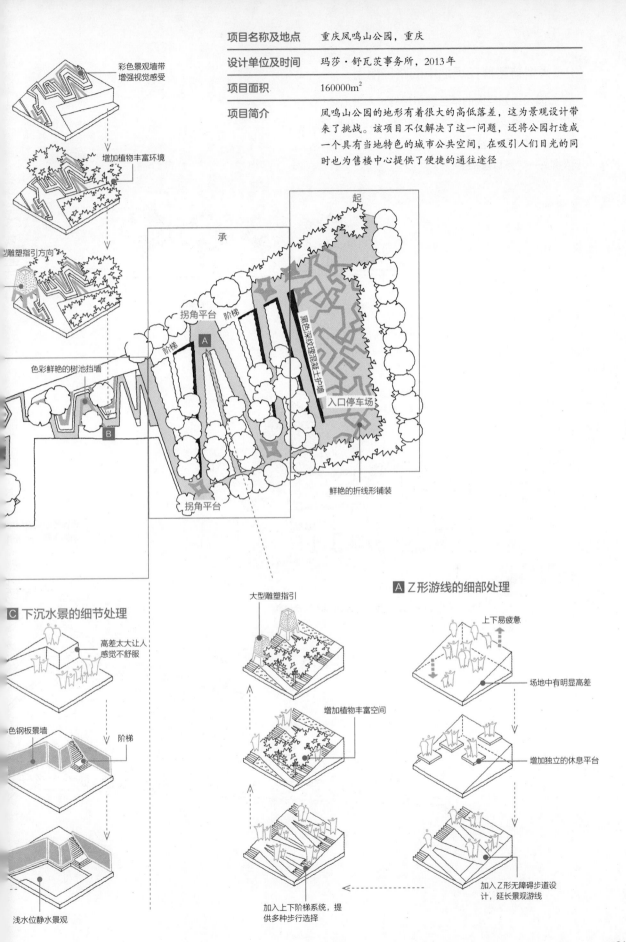

项目名称及地点	重庆凤鸣山公园，重庆
设计单位及时间	玛莎·舒瓦茨事务所，2013年
项目面积	160000m²
项目简介	凤鸣山公园的地形有着很大的高低落差，这为景观设计带来了挑战。该项目不仅解决了这一问题，还将公园打造成一个具有当地特色的城市公共空间，在吸引人们目光的同时也为售楼中心提供了便捷的通往途径

彩色景观墙带
增强视觉感受

增加植物丰富环境

雕塑指引方向

色彩鲜艳的树池挡墙

起

承

拐角平台

阶梯

阶梯

A

B

深色条纹理混凝土护墙

入口停车场

拐角平台

鲜艳的折线形铺装

C 下沉水景的细节处理

高差太大让人
感觉不舒服

色钢板景墙

阶梯

浅水位静水景观

大型雕塑指引

增加植物丰富空间

加入上下阶梯系统，提
供多种步行选择

A Z形游线的细部处理

上下易疲惫

场地中有明显高差

增加独立的休息平台

加入Z形无障碍步道设
计，延长景观游线

（2）大型雕塑群在场地中的路径指引

公园入口处巨大的橘色雕塑引导游人进入场地，绕过第一个雕塑就可以从高处俯瞰整个公园曲折迂回的景观，其中又安置多个山形雕塑，最终将人们引向目的地——"万科售楼中心"。

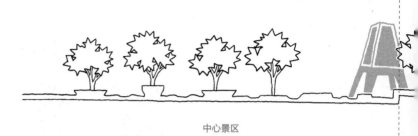

中心景区

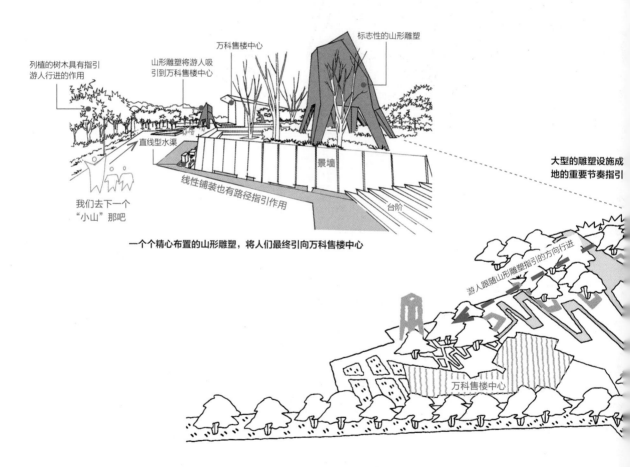

列植的树木具有指引
游人行进的作用

山形雕塑将游人吸
引到万科售楼中心

万科售楼中心

标志性的山形雕塑

直线型水渠

景墙

大型的雕塑设施成
地的重要节奏指引

线性铺装也有路径指引作用

台阶

我们去下一个
"小山"那吧

一个个精心布置的山形雕塑，将人们最终引向万科售楼中心

游人跟随山形雕塑指引的方向行进

万科售楼中心

折线型的蜿蜒小

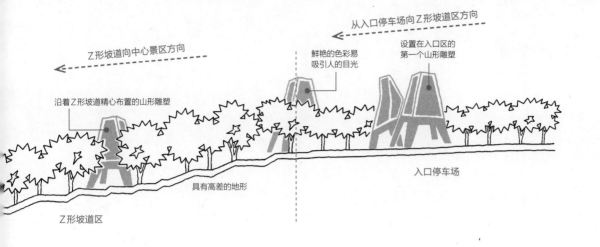

从入口停车场向 Z 形坡道区方向

Z 形坡道向中心景区方向

设置在入口区的
第一个山形雕塑

鲜艳的色彩易
吸引人的目光

沿着 Z 形坡道精心布置的山形雕塑

入口停车场

具有高差的地形

Z 形坡道区

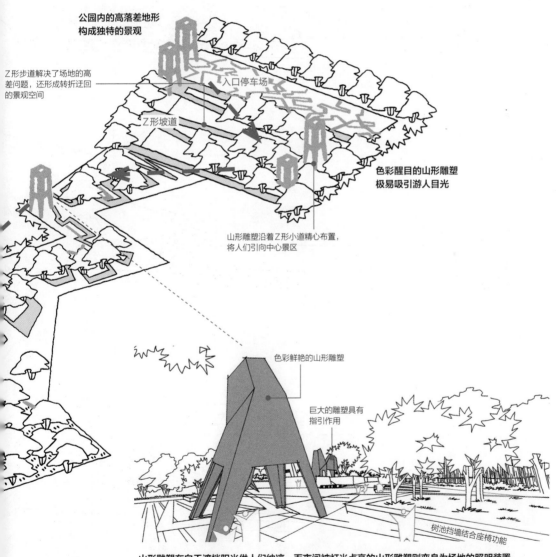

公园内的高落差地形
构成独特的景观

Z 形步道解决了场地的高
差问题，还形成转折迂回
的景观空间

入口停车场

Z 形坡道

色彩醒目的山形雕塑
极易吸引游人目光

山形雕塑沿着 Z 形小道精心布置，
将人们引向中心景区

色彩鲜艳的山形雕塑

巨大的雕塑具有
指引作用

树池挡墙结合座椅功能

山形雕塑在白天遮挡阳光供人们纳凉，而夜间被灯光点亮的山形雕塑则变身为场地的照明装置

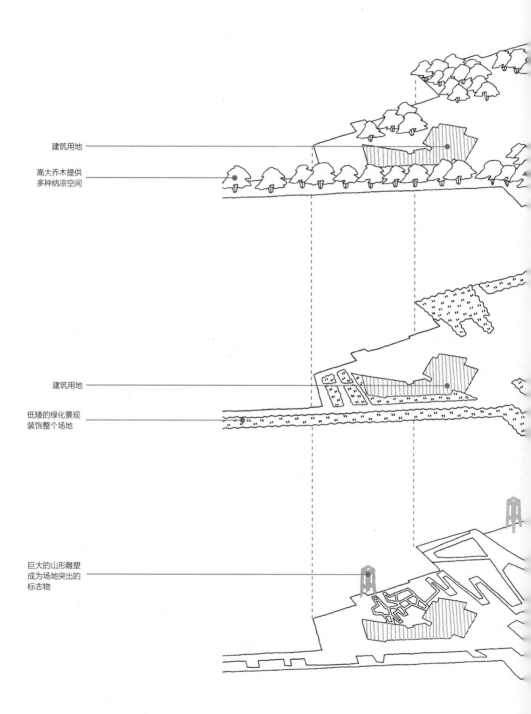

建筑用地

高大乔木提供
多种纳凉空间

建筑用地

低矮的绿化景观
装饰整个场地

巨大的山形雕塑
成为场地突出的
标志物

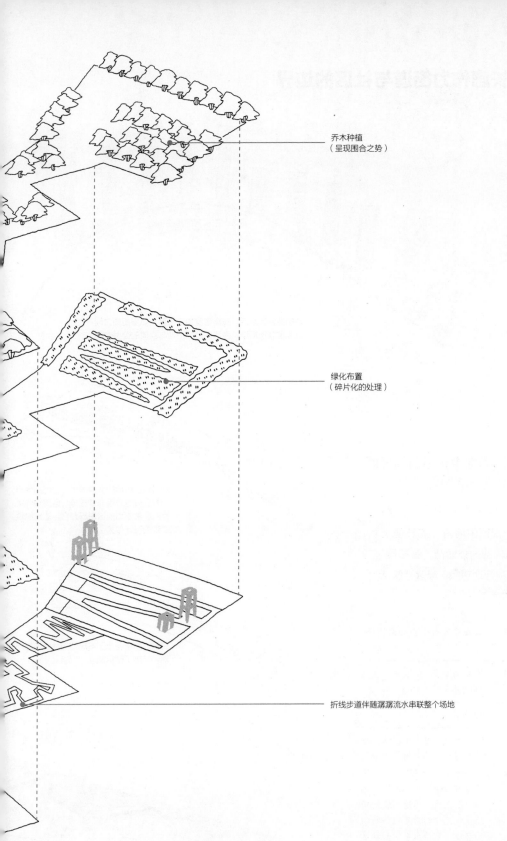

乔木种植
（呈现围合之势）

绿化布置
（碎片化的处理）

折线步道伴随潺潺流水串联整个场地

1.5　以长廊作为街道与社区的边界

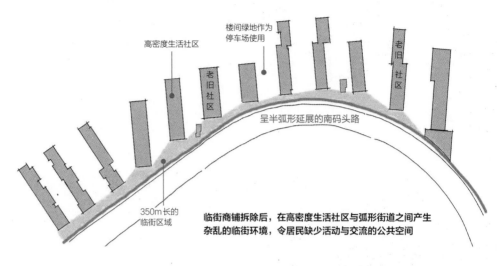

高密度生活社区

楼间绿地作为
停车场使用

老旧社区

老旧社区

呈半弧形延展的南码头路

350m长的
临街区域

**临街商铺拆除后，在高密度生活社区与弧形街道之间产生
杂乱的临街环境，令居民缺少活动与交流的公共空间**

（1）在紧凑的场地中，凹凸的界面可以提供更多的功能空间

　　根据沿街住宅楼的排列，确定了折线型功能路径。根据围墙内外的环境现状，游廊相应地向内或向外凹凸，在拓展视线的同时整合多种活动功能，唤醒社区活力。

项目名称及地点	上海昌里园社区长廊景观，上海市浦东新区南码头路
设计单位及时间	梓耘斋建筑工作室（TM STUDIO），2019年
项目面积	2100m²
项目简介	场地位于高密度生活社区与呈弧形的街道之间，拆除场地的违建后，这段临街区域暴露出小区内部的杂乱无序。改造后，因地制宜的场地设计充分利用了凹凸的临街环境，创造出丰富的社区公共活动空间

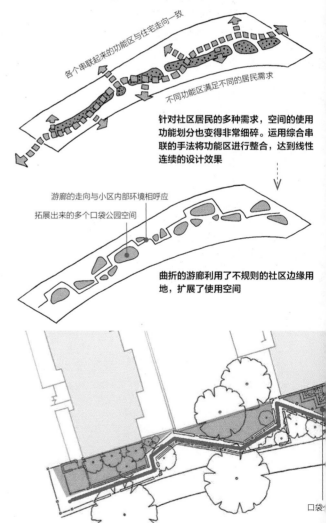

各个串联起来的功能区与住宅走向一致

不同功能区满足不同的居民需求

**针对社区居民的多种需求，空间的使用
功能划分也变得非常细碎。运用综合串
联的手法将功能区进行整合，达到线性
连续的设计效果**

游廊的走向与小区内部环境相呼应

拓展出来的多个口袋公园空间

**曲折的游廊利用了不规则的社区边缘
用地，扩展了使用空间**

口袋

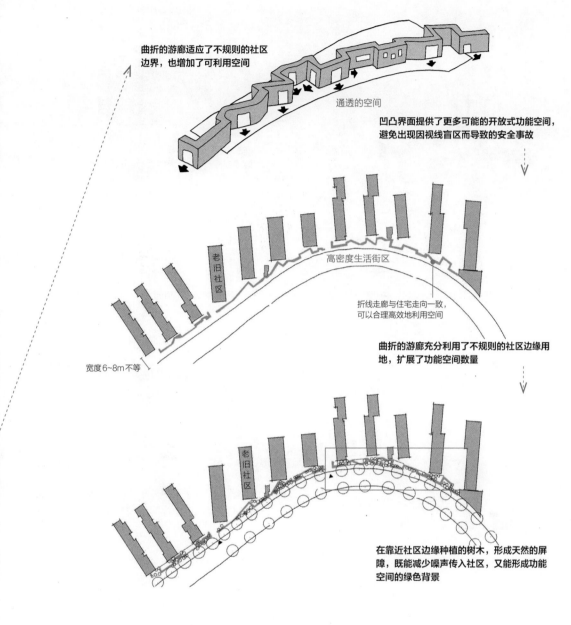

曲折的游廊适应了不规则的社区边界，也增加了可利用空间

通透的空间

凹凸界面提供了更多可能的开放式功能空间，避免出现因视线盲区而导致的安全事故

高密度生活街区

老旧社区

折线走廊与住宅走向一致，可以合理高效地利用空间

宽度6~8m不等

曲折的游廊充分利用了不规则的社区边缘用地，扩展了功能空间数量

老旧社区

在靠近社区边缘种植的树木，形成天然的屏障，既能减少噪声传入社区，又能形成功能空间的绿色背景

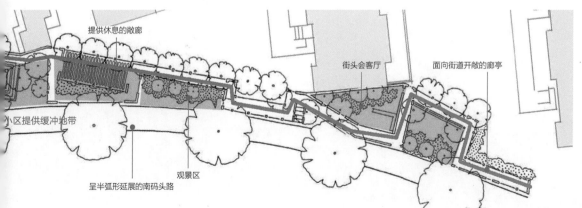

提供休息的敞廊

街头会客厅

面向街道开敞的廊亭

小区提供缓冲地带

观景区

呈半弧形延展的南码头路

为小区提供缓冲地带

为买菜回家的居民
提供休息的敞廊

根据沿街住宅楼的排列，综合考虑围墙内外的环境和居民对街道功能的需求，确定游廊的走向和形态

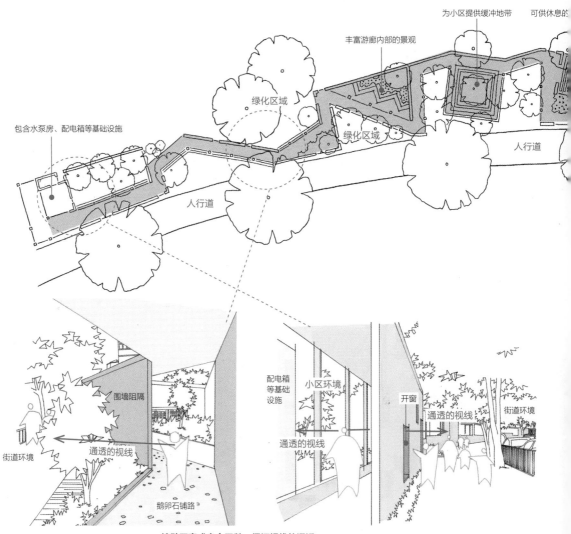

丰富游廊内部的景观

为小区提供缓冲地带

可供休息的

绿化区域

人行道

包含水泵房、配电箱等基础设施

绿化区域

人行道

围墙阻隔

街道环境

通透的视线

鹅卵石铺路

配电箱等基础设施

小区环境

通透的视线

开窗

通透的视线

街道环境

墙壁开窗或完全开敞，保证视线的通透

游廊远离居民楼,留出的三角庭院既能提高社区的安全性,又能满足低楼层的采光需求

面向街道设置的开敞廊亭,将小区内外环境相融合

老旧社区

游廊的走向与小区内部环境形成呼应,并拓展出多个口袋花园空间

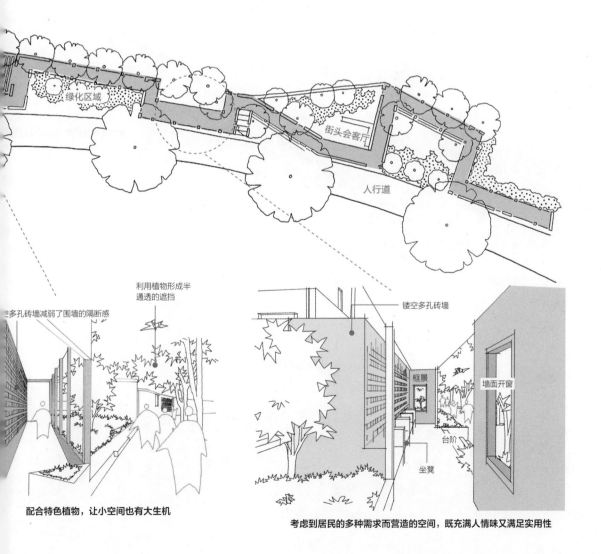

绿化区域

街头会客厅

人行道

利用植物形成半通透的遮挡

镂空多孔砖墙减弱了围墙的隔断感

镂空多孔砖墙

框景

墙面开窗

台阶

坐凳

配合特色植物,让小空间也有大生机

考虑到居民的多种需求而营造的空间,既充满人情味又满足实用性

（2）口袋花园丰富多样的空间设计

游廊的曲折错动因地制宜，赋予每个空间一定的功能。它不仅将小区内外的自然环境有机融合起来，还成为内部居民与外部游客共同参与的、丰富多样的长廊景观。

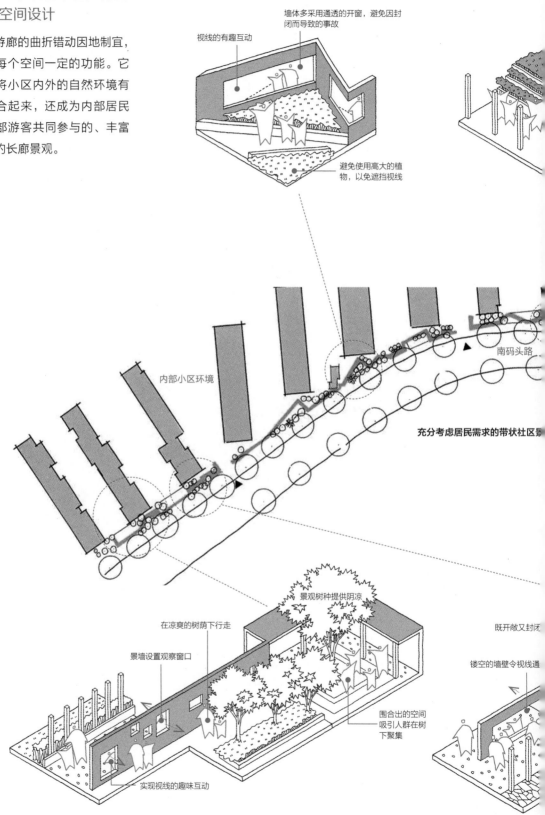

墙体多采用通透的开窗，避免因封闭而导致的事故

视线的有趣互动

避免使用高大的植物，以免遮挡视线

内部小区环境

南码头路

充分考虑居民需求的带状社区景

景观树种提供阴凉

在凉爽的树荫下行走

景墙设置观察窗口

围合出的空间吸引人群在树下聚集

实现视线的趣味互动

既开敞又封闭

镂空的墙壁令视线通

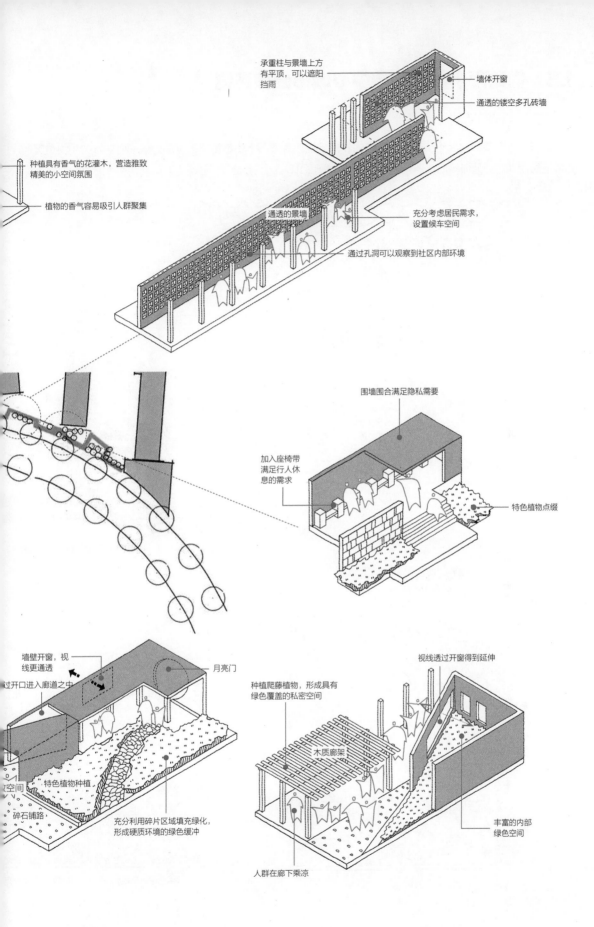

承重柱与景墙上方
有平顶，可以遮阳
挡雨

墙体开窗

通透的镂空多孔砖墙

种植具有香气的花灌木，营造雅致
精美的小空间氛围

植物的香气容易吸引人群聚集

通透的景墙

充分考虑居民需求，
设置候车空间

通过孔洞可以观察到社区内部环境

围墙围合满足隐私需要

加入座椅带
满足行人休
息的需求

特色植物点缀

墙壁开窗，视
线更通透

月亮门

视线透过开窗得到延伸

过开口进入廊道之中

种植爬藤植物，形成具有
绿色覆盖的私密空间

空间

特色植物种植

木质廊架

丰富的内部
绿色空间

碎石铺路

充分利用碎片区域填充绿化，
形成硬质环境的绿色缓冲

人群在廊下乘凉

1.6 借助雨水花园改善中心城市硬质环境

（1）变化多样的活动空间设计

公园内丰富多样的活动空间成为居民的聚集场地，大型雨水生态循环系统成为孩子们戏水的中央景区，环形跑道是居民锻炼的最佳场地，还有郁郁葱葱的植物吸引着人们亲近自然。

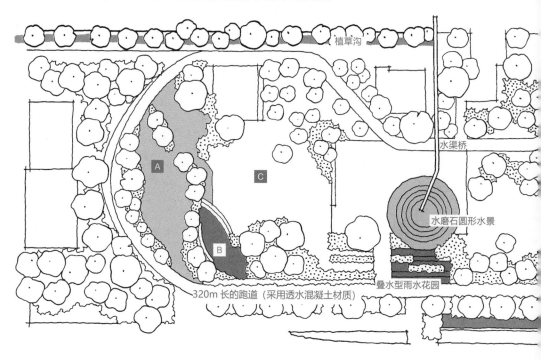

植草沟

水渠桥

水磨石圆形水景

叠水型雨水花园

320m 长的跑道（采用透水混凝土材质）

这里是居民运动和社交的主要场所

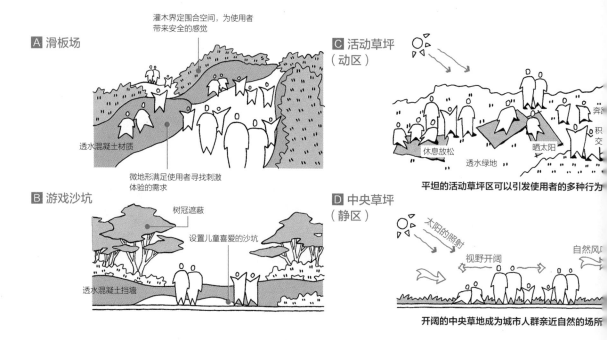

灌木界定围合空间，为使用者带来安全的感觉

A 滑板场

透水混凝土材质

微地形满足使用者寻找刺激体验的需求

B 游戏沙坑

树冠遮蔽

设置儿童喜爱的沙坑

透水混凝土挡墙

C 活动草坪（动区）

休息放松

晒太阳

奔跑

透水绿地

社交

平坦的活动草坪区可以引发使用者的多种行为

D 中央草坪（静区）

太阳的照射

视野开阔

自然风

开阔的中央草地成为城市人群亲近自然的场所

项目名称及地点	深圳深湾街心公园，广东省深圳市南山区
设计单位及时间	深圳市欧博工程设计顾问有限公司，2015年
项目面积	11643 m²
项目简介	该社区公园位于高密度的都市核心区，旨在满足周边居民运动休闲的需求。建成后的公园在雨水的收集和净化过程中营造了宜人的公共绿地环境，成为周边人群漫步和休闲的生态场所

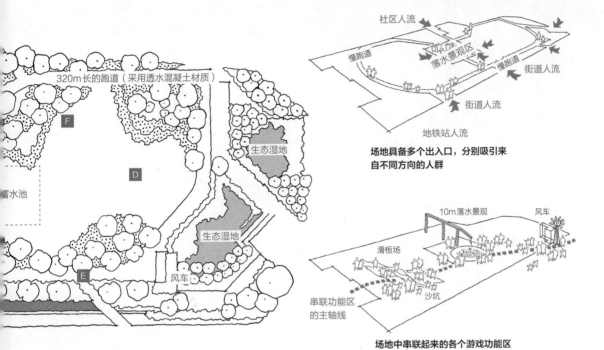

320m长的跑道（采用透水混凝土材质）

F

生态湿地

D

落水池

生态湿地

E

风车

社区人流

慢跑道

落水景观区

慢跑道

街道人流

街道人流

地铁站人流

场地具备多个出入口，分别吸引来自不同方向的人群

10m落水景观 风车

滑板场

串联功能区的主轴线

沙坑

场地中串联起来的各个游戏功能区

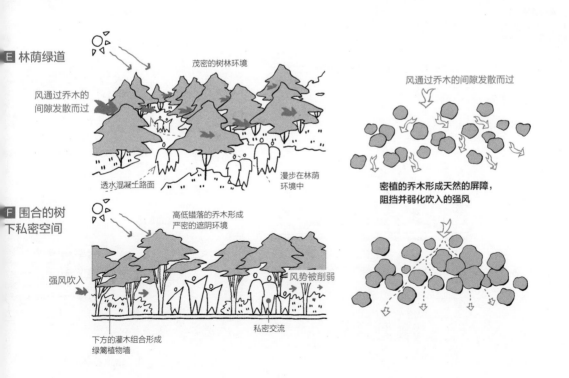

E 林荫绿道

茂密的树林环境

风通过乔木的间隙发散而过

透水混凝土路面

漫步在林荫环境中

风通过乔木的间隙发散而过

密植的乔木形成天然的屏障，阻挡并弱化吹入的强风

F 围合的树下私密空间

高低错落的乔木形成严密的遮阴环境

强风吹入

风势被削弱

下方的灌木组合形成绿篱植物墙

私密交流

（2）雨水花园中的水循环处理过程

公园中的水循环处理过程是将蓄水池中蓄积的雨水抽到水渠桥，打造出吸引居民聚集的落水景观。飞瀑下落后，经过层层台地的滞留、过滤、净化，最终重新回到场地中的蓄水池中。

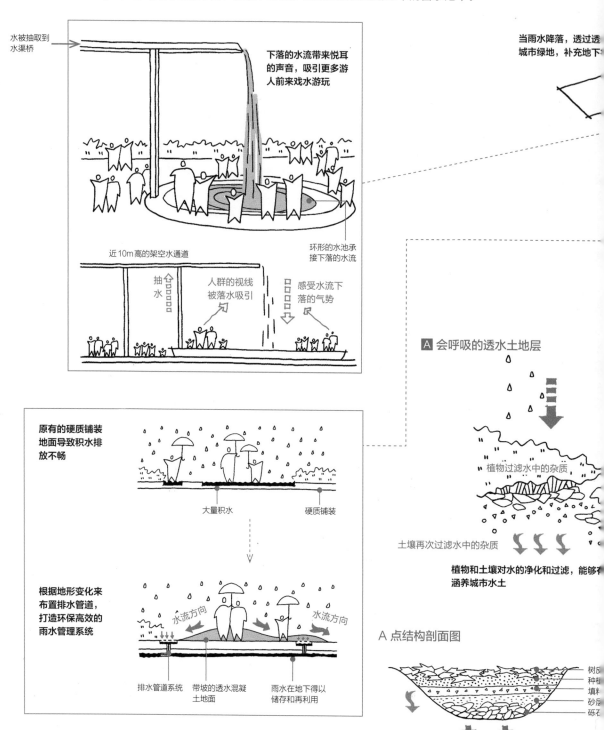

水被抽取到水渠桥

下落的水流带来悦耳的声音，吸引更多游人前来戏水游玩

当雨水降落，透过透城市绿地，补充地下

近10m高的架空水通道

抽水

人群的视线被落水吸引

感受水流下落的气势

环形的水池承接下落的水流

A 会呼吸的透水土地层

植物过滤水中的杂质

土壤再次过滤水中的杂质

植物和土壤对水的净化和过滤，能够涵养城市水土

原有的硬质铺装地面导致积水排放不畅

大量积水

硬质铺装

根据地形变化来布置排水管道，打造环保高效的雨水管理系统

水流方向

水流方向

排水管道系统

带坡的透水混凝土地面

雨水在地下得以储存和再利用

A 点结构剖面图

树皮
种植
填料
砂层
砾石

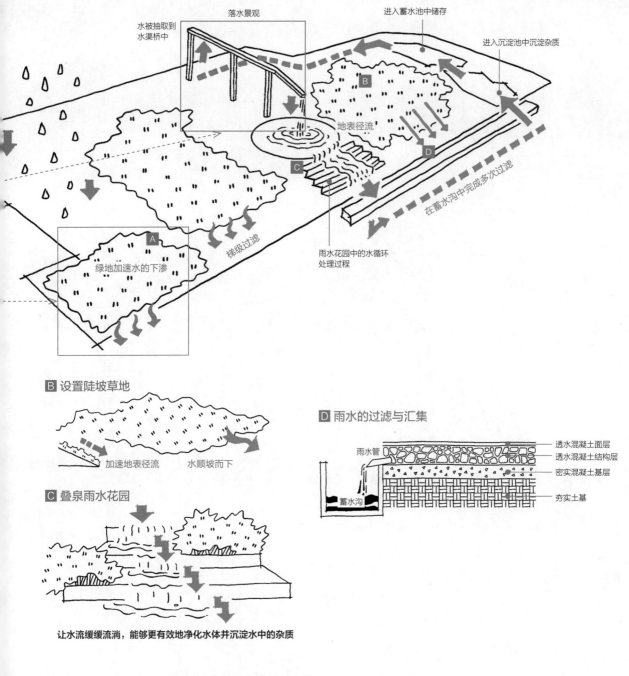

水被抽取到
水渠桥中

落水景观

进入蓄水池中储存

进入沉淀池中沉淀杂质

B

地表径流

D

在蓄水沟中完成多次过滤

梯级过滤

C

A

绿地加速水的下渗

雨水花园中的水循环
处理过程

B 设置陡坡草地

加速地表径流　　水顺坡而下

D 雨水的过滤与汇集

雨水管

蓄水沟

透水混凝土面层
透水混凝土结构层
密实混凝土基层
夯实土基

C 叠泉雨水花园

让水流缓缓流淌，能够更有效地净化水体并沉淀水中的杂质

公园绿地中的雨水处理示意图

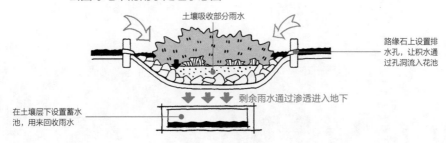

土壤吸收部分雨水

路缘石上设置排
水孔，让积水通
过孔洞流入花池

剩余雨水通过渗透进入地下

在土壤层下设置蓄水
池，用来回收雨水

第2章

商业办公景观

2.1 利用二层架空景观廊道实现人车分流

（1）高密度人流的分散疏通

在场地内增设架高的天桥，将底层的车行空间与天桥上的人行空间分离，解决了人车混行的问题。天桥的主要游线将多个出入口连接起来，次要游线则结合主要游线形成多个岛状空间，成为周边人群休闲活动的场所。

项目名称及地点	深圳人行天桥设计，深圳市龙岗区
设计单位及时间	坊城设计，2018年
项目面积	约10000m²
项目简介	场地位于繁华的商业办公区域，这里缺少可聚集的公共活动场所，而且此地人车混行，带来极大的交通安全隐患。增设了二层景观廊道后，这里成为人们休闲活动的好去处，还有效地解决了人车分流的问题

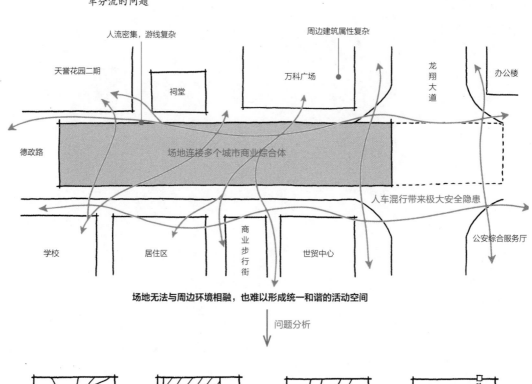

场地无法与周边环境相融，也难以形成统一和谐的活动空间

问题分析

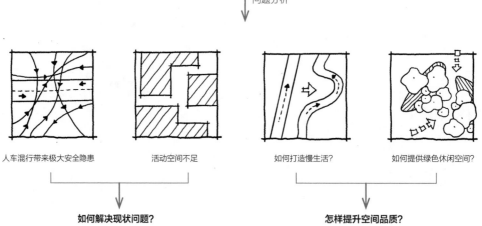

人车混行带来极大安全隐患　　活动空间不足　　　　如何打造慢生活？　　如何提供绿色休闲空间？

如何解决现状问题？　　　　　　　　　　怎样提升空间品质？

设计策略 1：生成群岛，丰富城市肌理

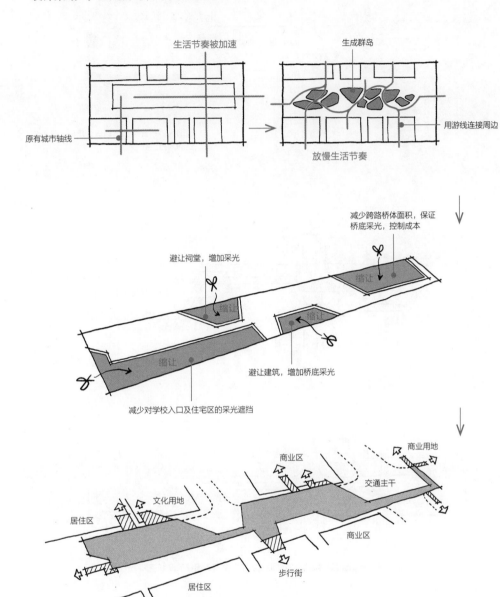

生活节奏被加速

生成群岛

原有城市轴线

用游线连接周边

放慢生活节奏

避让祠堂，增加采光

减少跨路桥体面积，保证桥底采光，控制成本

缩让

缩让

缩让

避让建筑，增加桥底采光

减少对学校入口及住宅区的采光遮挡

商业区

商业用地

文化用地

交通主干

居住区

商业区

步行街

居住区

增设多个出入口，将人群疏散到场地周边

设计策略 2：将二层休闲区域与底层城市交通空间剥离

休闲区域

城市交通区域

地形抬升

地形抬升

借助天桥形成独立的城市休闲绿地

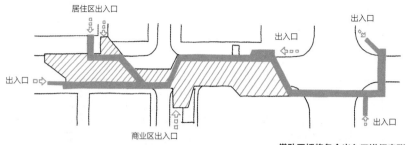

借助天桥将各个出入口进行串联，形成主要的人行游线

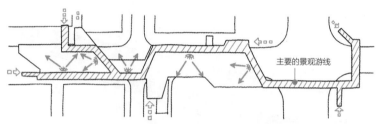

使用者在主要游线中形成的视线分布

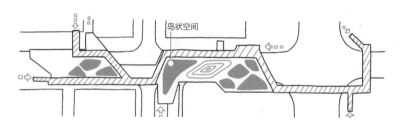

依据通行最短路径原则形成多个汇聚游人视线的岛状空间

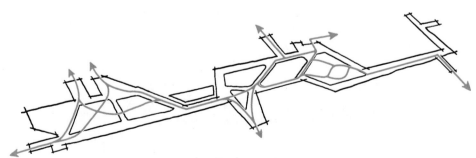

环绕岛状空间的人行游线布置

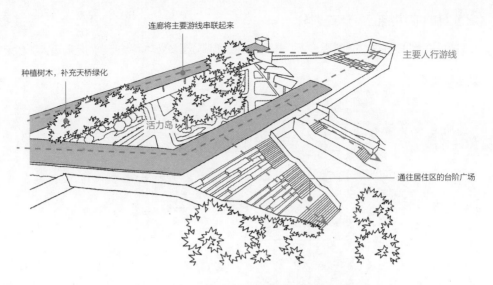

种植树木，补充天桥绿化

连廊将主要游线串联起来

主要人行游线

活力岛

通往居住区的台阶广场

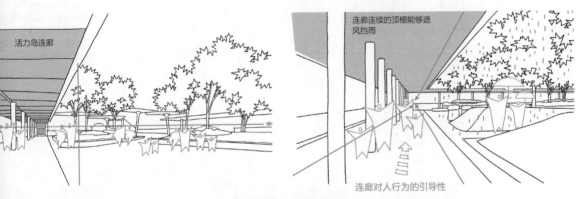

活力岛连廊

连廊连续的顶棚能够遮风挡雨

连廊对人行为的引导性

同一空间中形成的两种视线

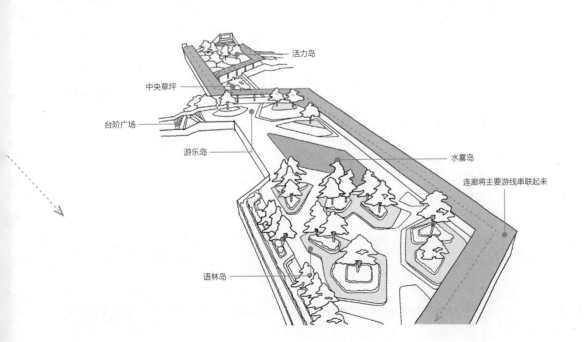

中央草坪

活力岛

台阶广场

游乐岛

水雾岛

连廊将主要游线串联起来

语林岛

（2）对场地功能的多样式划分

将过街天桥扩展为休闲景观广场，并沿景观廊道划分出多处功能场所，满足周边人群休闲活动的需要。

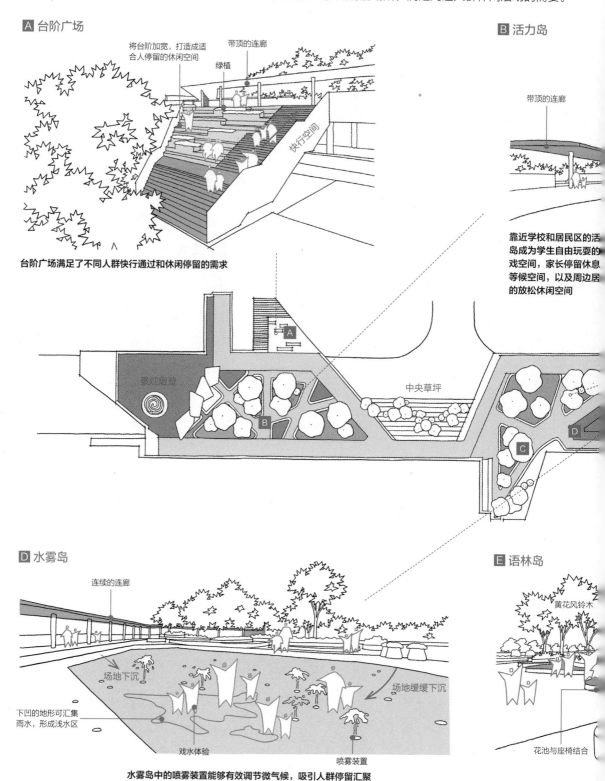

A 台阶广场

将台阶加宽，打造成适合人停留的休闲空间

带顶的连廊

绿植

快行空间

台阶广场满足了不同人群快行通过和休闲停留的需求

B 活力岛

带顶的连廊

靠近学校和居民区的活力岛成为学生自由玩耍的嬉戏空间，家长停留休息等候空间，以及周边居民的放松休闲空间

景观雕塑

中央草坪

D 水雾岛

连续的连廊

场地下沉

下凹的地形可汇集雨水，形成浅水区

戏水体验

喷雾装置

水雾岛中的喷雾装置能够有效调节微气候，吸引人群停留汇聚

场地缓缓下沉

E 语林岛

黄花风铃木

花池与座椅结合

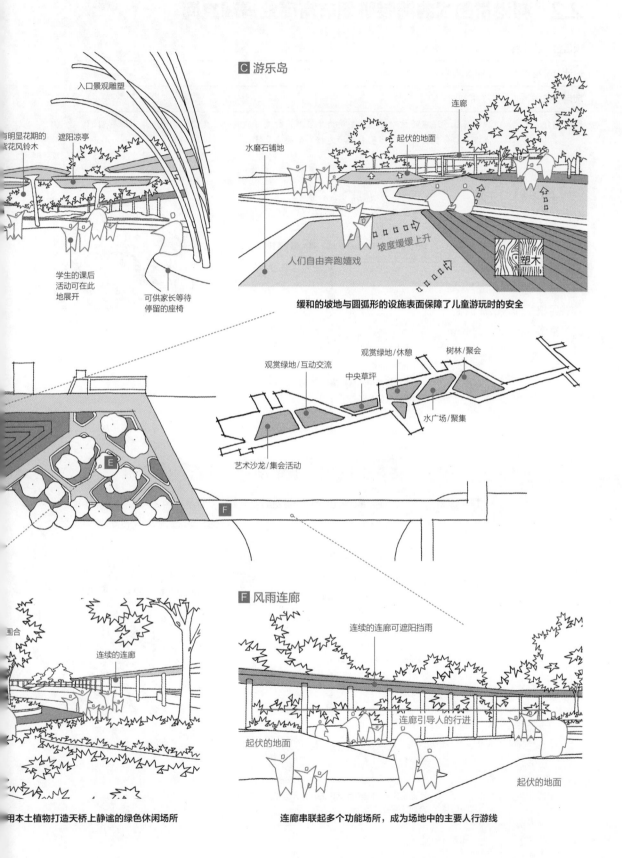

C 游乐岛

入口景观雕塑

有明显花期的
紫花风铃木

遮阳凉亭

学生的课后
活动可在此
地展开

可供家长等待
停留的座椅

连廊

水磨石铺地

起伏的地面

坡度缓缓上升

塑木

人们自由奔跑嬉戏

缓和的坡地与圆弧形的设施表面保障了儿童游玩时的安全

观赏绿地/互动交流

观赏绿地/休憩

中央草坪

树林/聚会

水广场/聚集

艺术沙龙/集会活动

E

F

F 风雨连廊

围合

连续的连廊

连续的连廊可遮阳挡雨

连廊

起伏的地面

连廊引导人的行进

起伏的地面

起伏的地面

用本土植物打造天桥上静谧的绿色休闲场所

连廊串联起多个功能场所，成为场地中的主要人行游线

2.2 利用拼图式的铺装肌理丰富商业景观空间

项目名称及地点	超线公园，成都市新都区
设计单位及时间	ASPECT Studios，2020年
项目面积	约180000m²
项目简介	该项目位于城市的核心区域，主要为年轻群体打造可聚集的社交空间。场地中大胆的圆形点阵设计体现出超线公园艺术与活力相结合的主要特征

（1）景观中圆形元素的组织与生成

设计中考虑了周边人群的使用需求，以社交为目的打造空间。选用圆形阵列连接成组并形成各类功能区块，为人群提供丰富的空间体验。

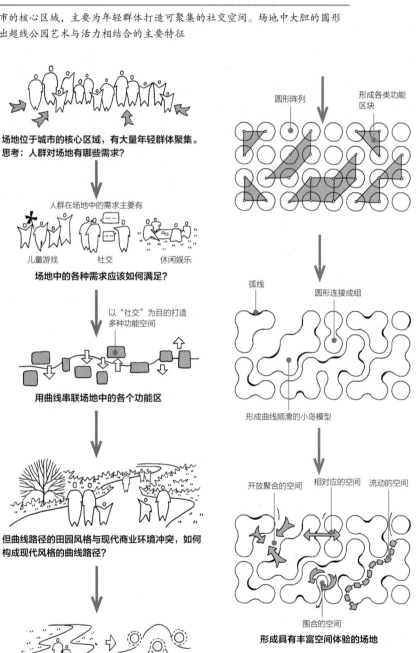

场地位于城市的核心区域，有大量年轻群体聚集。
思考：人群对场地有哪些需求？

人群在场地中的需求主要有

儿童游戏　　社交　　休闲娱乐
场地中的各种需求应该如何满足？

以"社交"为目的打造多种功能空间

用曲线串联场地中的各个功能区

但曲线路径的田园风格与现代商业环境冲突，如何构成现代风格的曲线路径？

曲线休闲路径　　概括出几何元素
根据田园风格曲线概括出的几何元素能够更好地融合现代商业环境

圆形阵列　　形成各类功能区块

弧线　　圆形连接成组

形成曲线顺滑的小岛模型

开放聚合的空间　　相对应的空间　　流动的空间

围合的空间
形成具有丰富空间体验的场地

桢楠是四川本地特有的树种，树形
自然美丽，可以用来改善环境质量

多方位布局的台阶式休闲座椅

桢楠

桢楠

植物围合

卵石与静水

卵石与静水

叠层座椅看台

铺装

圆形回水口

拥有丰富曲线变化的商业广场

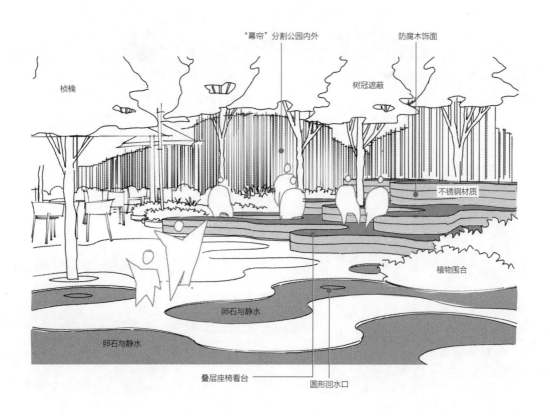

"幕帘"分割公园内外

防腐木饰面

桢楠

树冠遮蔽

不锈钢材质

植物围合

卵石与静水

卵石与静水

叠层座椅看台

圆形回水口

（2）空间的开放与围合以及灯光的运用

在有限的场地内打造多个开放或围合的空间，创造出多样的功能性场所来满足不同人群的社交活动需求。水池边界的嵌入式照明结合树阵间定制的照明装置，提高了场地夜间的空间品质。

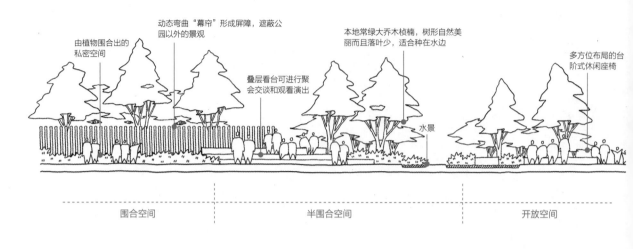

由植物围合出的私密空间

动态弯曲"幕帘"形成屏障，遮蔽公园以外的景观

叠层看台可进行聚会交谈和观看演出

本地常绿大乔木桢楠，树形自然美丽而且落叶少，适合种在水边

多方位布局的台阶式休闲座椅

水景

围合空间　　半围合空间　　开放空间

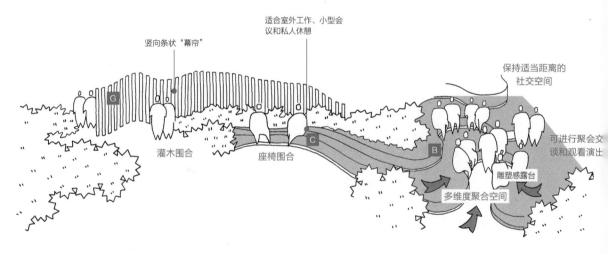

竖向条状"幕帘"

适合室外工作、小型会议和私人休憩

保持适当距离的社交空间

灌木围合

座椅围合

可进行聚会交谈和观看演出

雕塑感露台

多维度聚合空间

在水边种植本地特有的桢楠，其具有美丽浓密的树冠，可为人们提供阴凉的树下环境

花香环境提升了空间品质

水景改善微气候

踩水、嬉戏

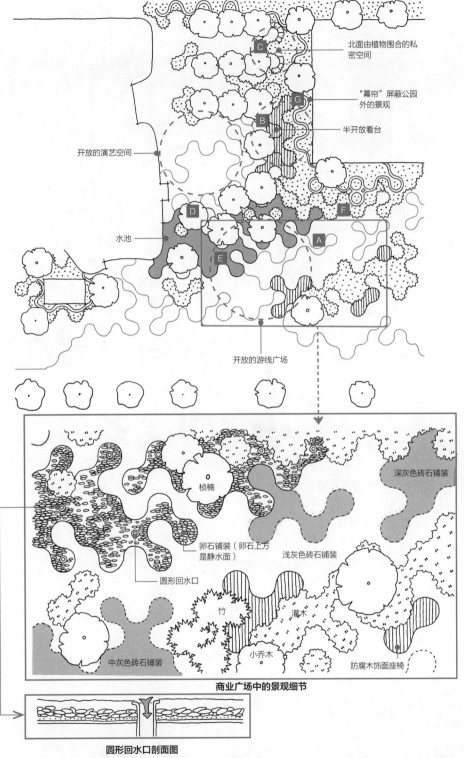

北面由植物围合的私密空间

"幕帘"屏蔽公园外的景观

半开放看台

开放的演艺空间

水池

开放的游线广场

深灰色砖石铺装

桢楠

卵石铺装（卵石上方是静水面）

浅灰色砖石铺装

圆形回水口

竹

灌木

中灰色砖石铺装

小乔木

防腐木饰面座椅

商业广场中的景观细节

圆形回水口剖面图

A—游线广场；B—叠层座椅看台；C—环形花境座椅；D—特色景观树；E—卵石与静水；F—花卉绿境；G—"幕帘"屏障

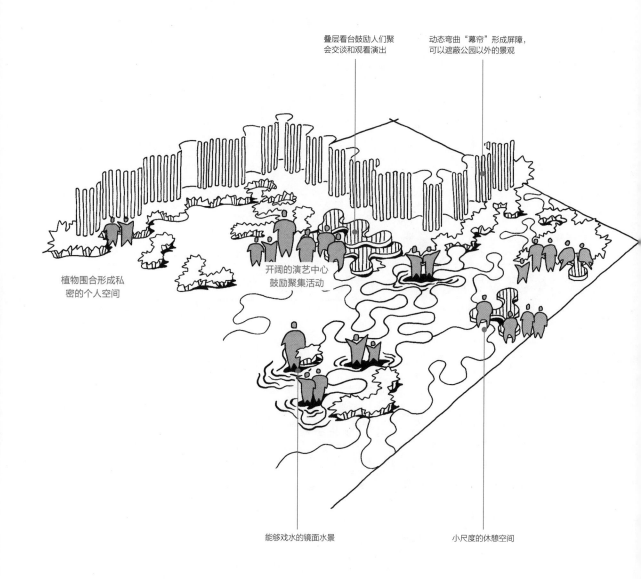

叠层看鼓台鼓励人们聚
会交谈和观看演出

动态弯曲"幕帘"形成屏障，
可以遮蔽公园以外的景观

植物围合形成私
密的个人空间

开阔的演艺中心
鼓励聚集活动

能够戏水的镜面水景

小尺度的休憩空间

开放空间与围合空间的结合引发人们的多样行为

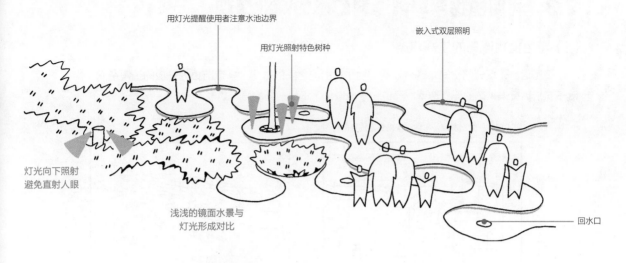

用灯光提醒使用者注意水池边界

用灯光照射特色树种

嵌入式双层照明

灯光向下照射
避免直射人眼

浅浅的镜面水景与
灯光形成对比

回水口

灯光的照射增强了
树木的标志性

引人注目

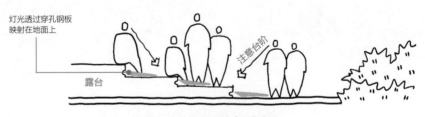

灯光透过穿孔钢板
映射在地面上

露台

注意台阶

提供24小时全时段的安全聚集空间

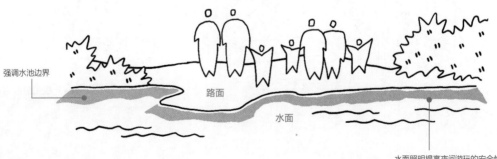

强调水池边界

路面

水面

水面照明提高夜间游玩的安全性

2.3 利用植物浮岛创造科幻感的商业景观

（1）特色植物浮岛的生成思路

使用组合花坛分隔空间，既有效地削弱了功能区之间的边界，打造出更为开放的景观空间，也赋予花坛更具未来感的浮岛造型。绿植和水景增加了场地对外的展示功能。

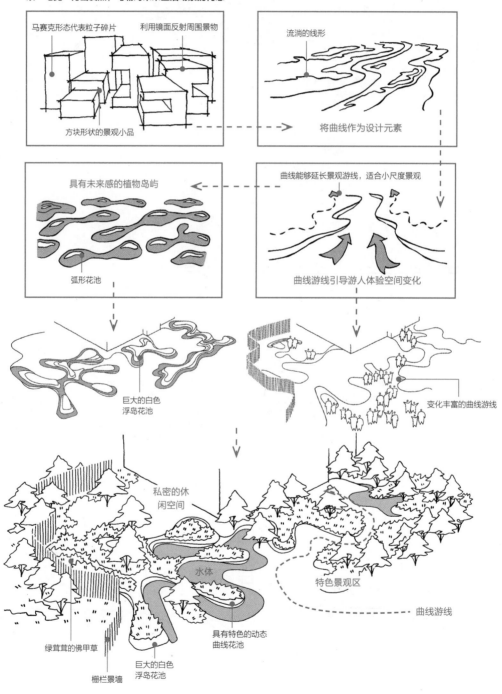

以"电竞"为出发点，勾勒对未来生活场景的构想

马赛克形态代表粒子碎片　利用镜面反射周围景物

方块形状的景观小品

流淌的线形

将曲线作为设计元素

具有未来感的植物岛屿

弧形花池

曲线能够延长景观游线，适合小尺度景观

曲线游线引导游人体验空间变化

巨大的白色浮岛花池

变化丰富的曲线游线

私密的休闲空间

水体

特色景观区

曲线游线

绿茸茸的佛甲草

栅栏景墙

巨大的白色浮岛花池

具有特色的动态曲线花池

项目名称及地点	贵阳龙湖天曜电竞小镇景观，贵州贵阳市
设计单位及时间	重庆犁墨景观，2020年
项目面积	5500m²
项目简介	该项目位于交通便利的城市主干道旁，附近有大型的电竞馆。因此，项目以"电竞"为出发点，勾勒对未来生活场景的畅想。建成后的电竞小镇通过灵活多变的游览路线打造出一个独特的半开放式的景观空间

特色植物浮岛的生成思路

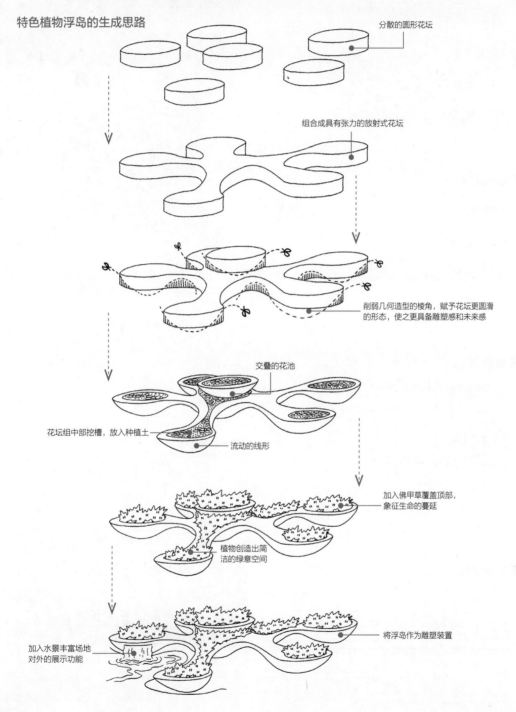

分散的圆形花坛

组合成具有张力的放射式花坛

削弱几何造型的棱角，赋予花坛更圆滑的形态，使之更具备雕塑感和未来感

交叠的花池

花坛组中部挖槽，放入种植土

流动的线形

加入佛甲草覆盖顶部，象征生命的蔓延

植物创造出简洁的绿意空间

将浮岛作为雕塑装置

加入水景丰富场地对外的展示功能

（2）小空间中曲线游线的景观布置

　　通过布置浮岛花池将游览路径拉长，给小尺度景观提供更全面的展示机会。同时，加入景观小品丰富空间的细节与内涵，再叠加多层次绿化，共同构建出层次丰富的竖向景观。

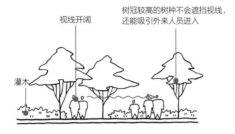

A 临街景观

视线开阔

树冠较高的树种不会遮挡视线，还能吸引来人员进入

灌木

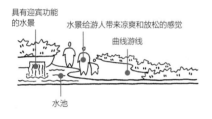

B 临水景观

具有迎宾功能的水景

水景给游人带来凉爽和放松的感觉

曲线游线

水池

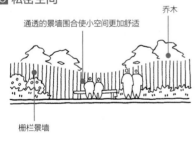

C 私密空间

通透的景墙围合使小空间更加舒适

乔木

栅栏景墙

D 游览空间

曲线游线

叠层景观使竖向绿化更为丰富

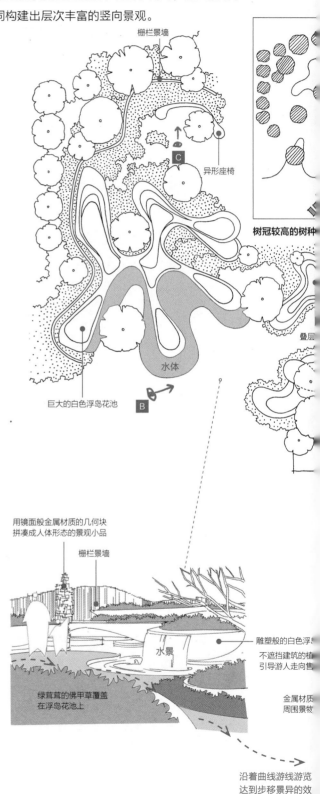

栅栏景墙

异形座椅

水体

巨大的白色浮岛花池

树冠较高的树种

叠层

用镜面般金属材质的几何块拼凑成人体形态的景观小品

栅栏景墙

雕塑般的白色浮岛

不遮挡建筑的植引导游人走向售

水景

金属材质周围景物

绿茸茸的佛甲草覆盖在浮岛花池上

沿着曲线游线游览达到步移景异的效

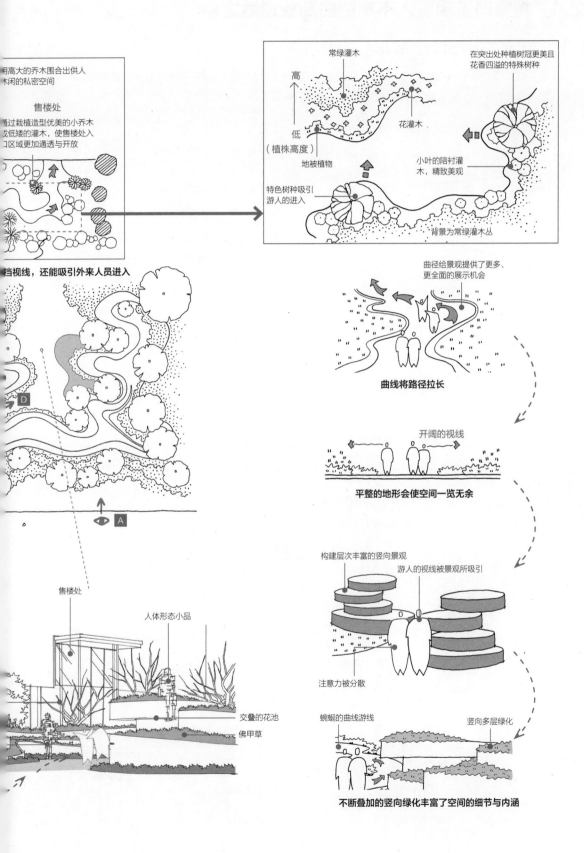

用高大的乔木围合出供人
休闲的私密空间

售楼处
通过栽植造型优美的小乔木
及低矮的灌木，使售楼处入
口区域更加通透与开放

挡视线，还能吸引外来人员进入

常绿灌木

在突出处种植树冠更美且
花香四溢的特殊树种

高

低
（植株高度）

花灌木

地被植物

特色树种吸引
游人的进入

小叶的陪衬灌
木，精致美观

背景为常绿灌木丛

曲径给景观提供了更多、
更全面的展示机会

曲线将路径拉长

开阔的视线

平整的地形会使空间一览无余

构建层次丰富的竖向景观

游人的视线被景观所吸引

注意力被分散

蜿蜒的曲线游线

竖向多层绿化

不断叠加的竖向绿化丰富了空间的细节与内涵

售楼处

人体形态小品

交叠的花池
佛甲草

2.4 将绿岛景观置入不规则的商业场地之中

（1）运用梯级下降的围合手法创造社交中心空间

　　用景观包裹场地中央不美观的设备间，搭配多个立体植物体块组成层叠错落的悬浮式构筑物，形成人们可以自由进出的放射状立体分层景观。

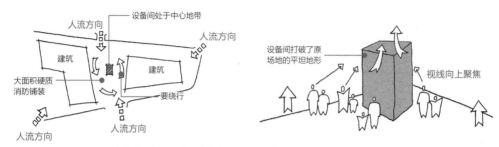

原场地的平坦地形中，高起来的设备间成为消极景观条件

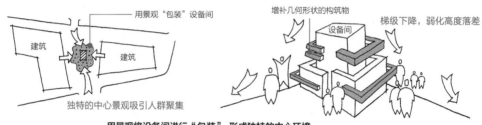

用景观将设备间进行"包装"，形成独特的中心环境

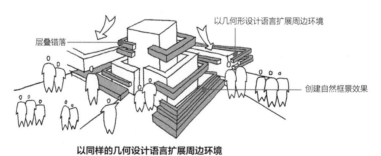

以同样的几何设计语言扩展周边环境

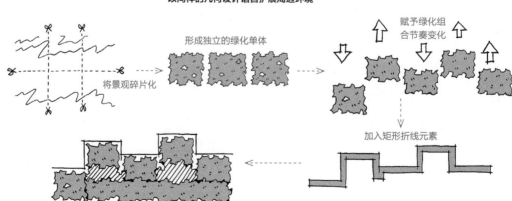

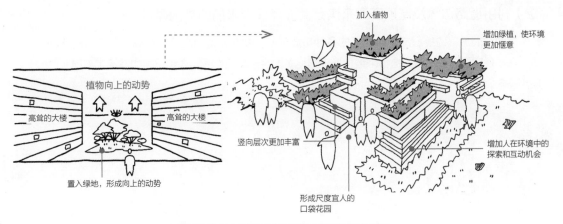

加入植物

增加绿植，使环境
更加惬意

植物向上的动势

高耸的大楼

高耸的大楼

竖向层次更加丰富

增加人在环境中的
探索和互动机会

置入绿地，形成向上的动势

形成尺度宜人的
口袋花园

层叠错落的悬浮式构筑物能够隐藏原本不美观的设备间

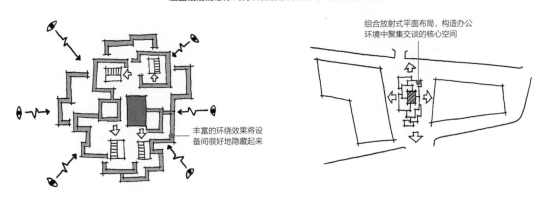

组合放射式平面布局，构造办公
环境中聚集交谈的核心空间

丰富的环绕效果将设
备间很好地隐藏起来

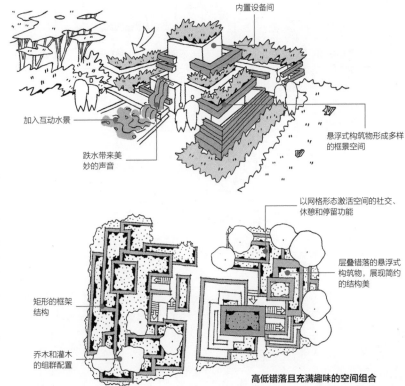

内置设备间

加入互动水景

跌水带来美妙的声音

悬浮式构筑物形成多样
的框景空间

以网格形态激活空间的社交、
休憩和停留功能

层叠错落的悬浮式
构筑物，展现简约
的结构美

矩形的框架
结构

乔木和灌木
的组群配置

高低错落且充满趣味的空间组合

项目名称及地点	上海尚博金融中心景观，上海
设计单位及时间	ASPECT Studios，2020 年
项目面积	13255.2m²
项目简介	该项目旨在为商业办公区打造花园式的景观，为使用者提供亲近自然的机会。项目包括办公大楼的屋顶花园、两座办公大楼之间的中央花园，以及周边的景观长廊

（2）利用道路边缘及屋顶空间来满足商业环境中人们的休闲需求

用凹凸的道路边缘形成围合灵活的多种功能空间，并补充植物及座椅构成具有活力的社交场所。在屋顶空间配置丰富的植物来增加场地绿化并围合出功能空间，还利用植物满足了不同人群的使用需求。

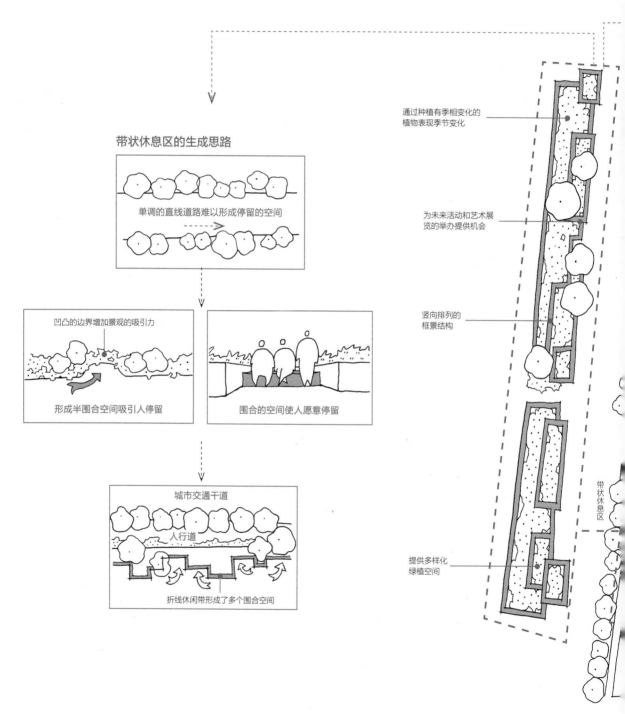

带状休息区的生成思路

单调的直线道路难以形成停留的空间

凹凸的边界增加景观的吸引力

形成半围合空间吸引人停留

围合的空间使人愿意停留

城市交通干道

人行道

折线休闲带形成了多个围合空间

通过种植有季相变化的植物表现季节变化

为未来活动和艺术展览的举办提供机会

竖向排列的框景结构

提供多样化绿植空间

带状休息区

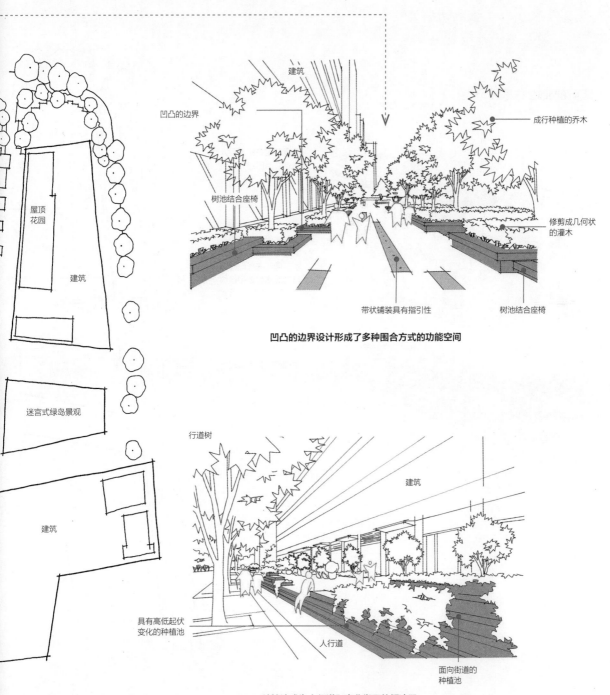

屋顶花园

建筑

迷宫式绿岛景观

建筑

建筑

凹凸的边界

树池结合座椅

成行种植的乔木

修剪成几何状的灌木

带状铺装具有指引性

树池结合座椅

凹凸的边界设计形成了多种围合方式的功能空间

行道树

建筑

具有高低起伏变化的种植池

人行道

面向街道的种植池

种植池成为人行道和商业街区的缓冲区

屋顶花园的生成思路

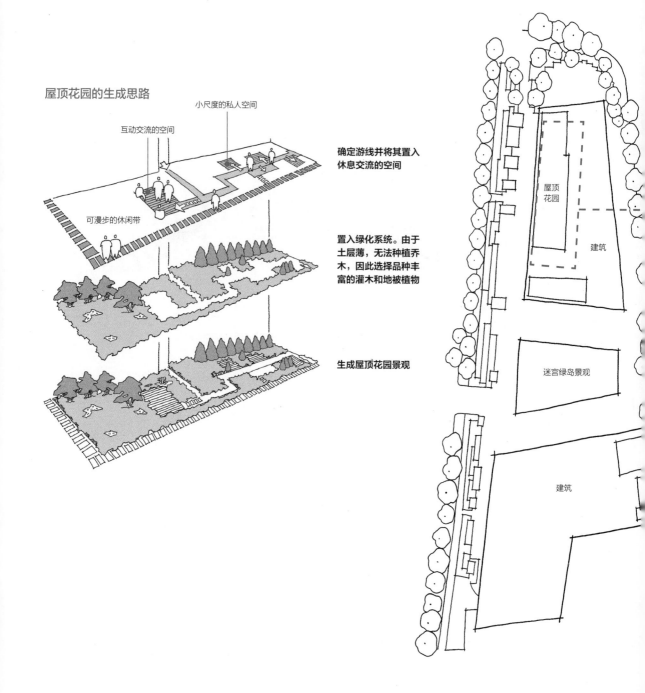

小尺度的私人空间

互动交流的空间

可漫步的休闲带

确定游线并将其置入休息交流的空间

置入绿化系统。由于土层薄,无法种植乔木,因此选择品种丰富的灌木和地被植物

生成屋顶花园景观

屋顶花园

建筑

迷宫绿岛景观

建筑

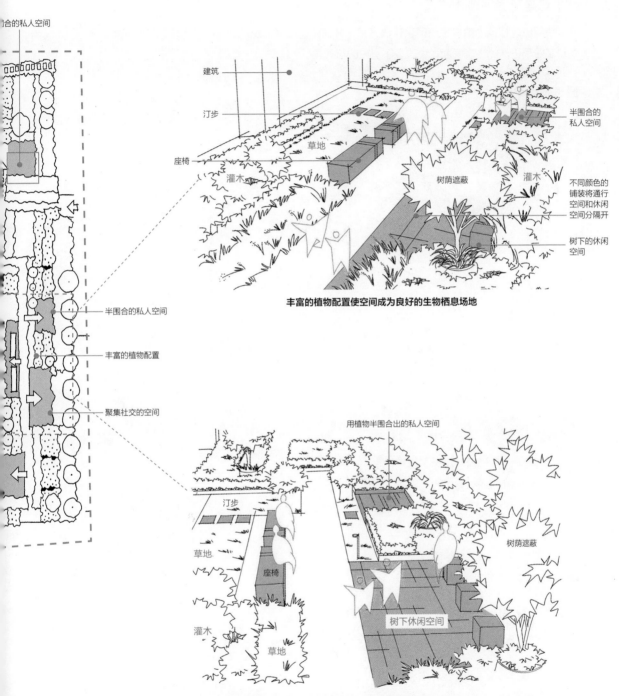

合的私人空间

建筑

汀步

座椅

灌木

草地

半围合的
私人空间

树荫遮蔽

灌木

不同颜色的
铺装将通行
空间和休闲
空间分隔开

树下的休闲
空间

半围合的私人空间

丰富的植物配置

聚集社交的空间

丰富的植物配置使空间成为良好的生物栖息场地

用植物半围合出的私人空间

汀步

草地

座椅

灌木

草地

树荫遮蔽

树下休闲空间

利用植物围合出不同的功能空间来满足人们的不同需求，如生活聚会、私密交谈等

2.5 利用竖向绿化丰富城市建筑立面

（1）对建筑竖向绿化的设计思考

使用玻璃屋顶为植物生长提供自然光源，并在建筑立面上选用适合当地气候的本土植物，不仅展示了四季更迭的生态画面，也改善了室内的微气候。

A 透光屋顶

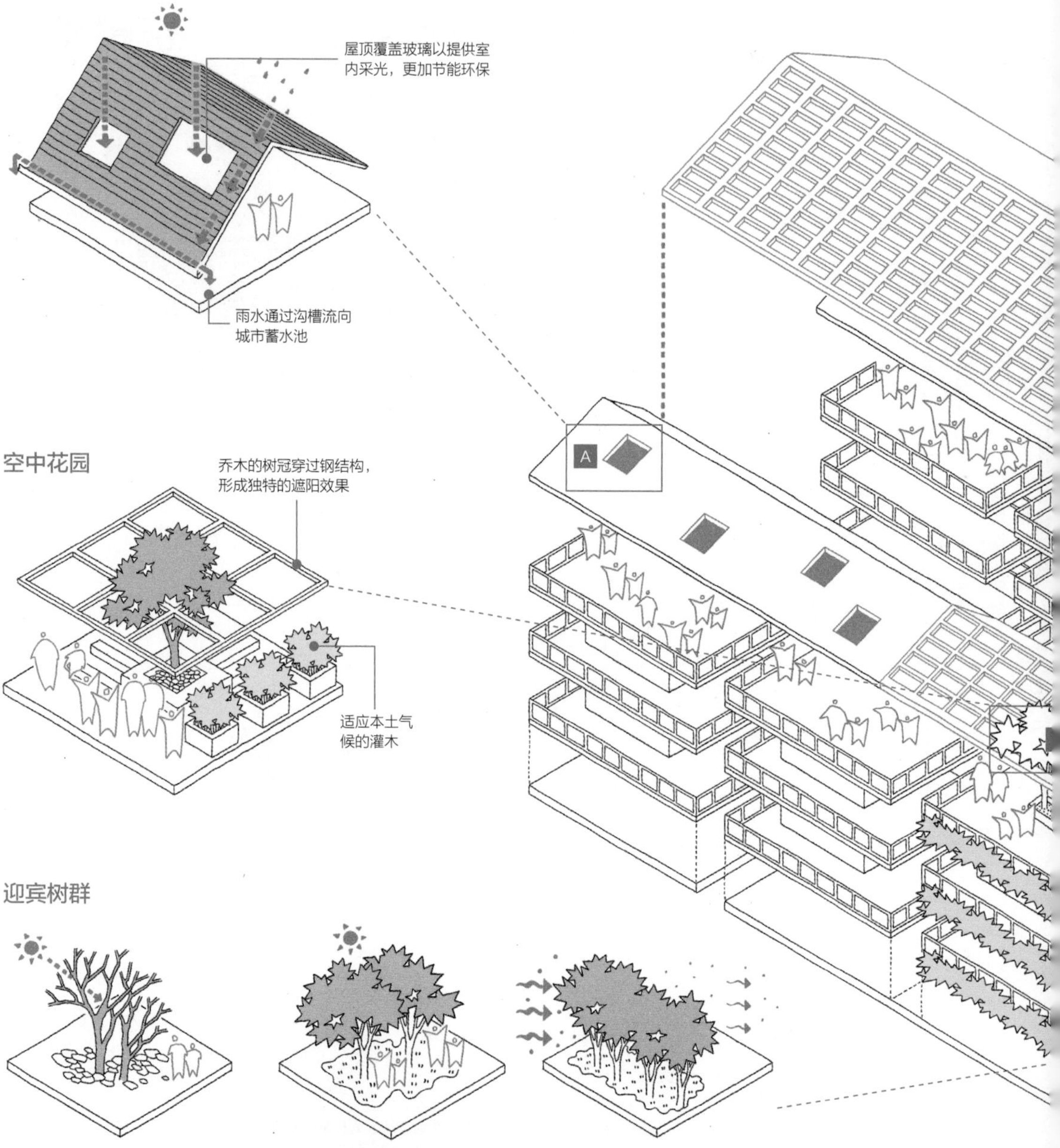

屋顶覆盖玻璃以提供室内采光，更加节能环保

雨水通过沟槽流向城市蓄水池

B 空中花园

乔木的树冠穿过钢结构，形成独特的遮阳效果

适应本土气候的灌木

C 迎宾树群

在冬季，光秃的枝干使更多的阳光进入场地，可以充分利用自然光源

在夏季，茂盛的树冠起到很好的遮阳和净化空气的作用，形成舒适的微气候环境

茂密的植物可以过滤和吸附一部分空气中的灰尘，起到净化的作用

项目名称及地点	上海THE ROOF景观生态立面设计，上海市黄浦区
设计单位及时间	ASPECT Studios，2021年
项目面积	约20000m²
项目简介	设计师巧妙地把本土文化元素和城市肌理运用到建筑立面的景观设计中，创造出大胆又充满生机的生态垂直绿化作品。在立面设计中对植物和材料的选择，为未来提供了一种人与自然和谐相处的共生模式

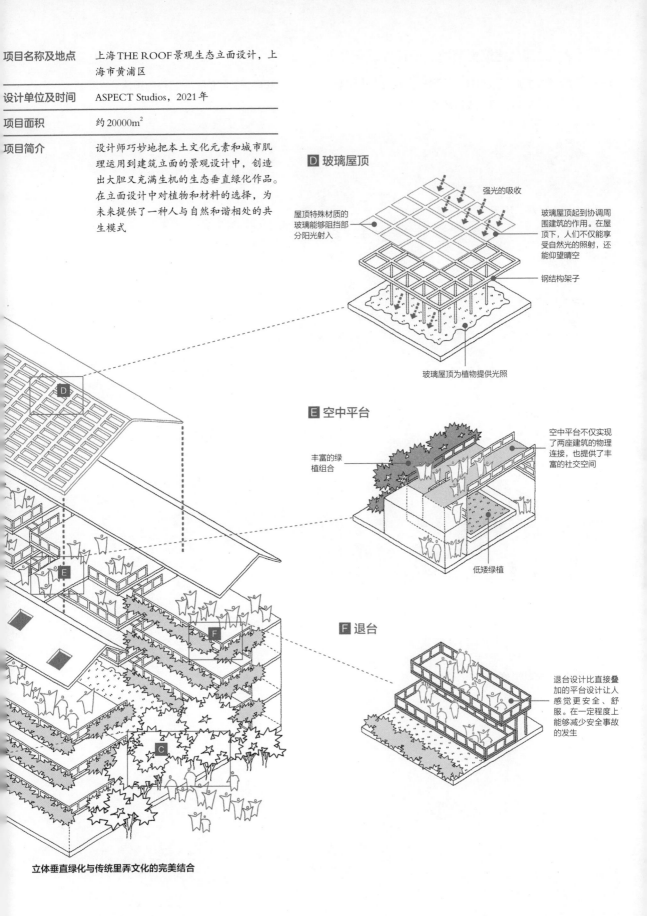

D 玻璃屋顶

强光的吸收

屋顶特殊材质的玻璃能够阻挡部分阳光射入

玻璃屋顶起到协调周围建筑的作用。在屋顶下，人们不仅能享受自然光的照射，还能仰望晴空

钢结构架子

玻璃屋顶为植物提供光照

E 空中平台

丰富的绿植组合

空中平台不仅实现了两座建筑的物理连接，也提供了丰富的社交空间

低矮绿植

F 退台

退台设计比直接叠加的平台设计让人感觉更安全、舒服。在一定程度上能够减少安全事故的发生

立体垂直绿化与传统里弄文化的完美结合

（2）如何让建筑更节能、更环保、更生态

透光屋顶可以有效利用阳光，节省人工照明，达到节能和环保的目的。在建筑内和建筑立面配置丰富的植物，可以改善环境微气候，让建筑环境更加生态。

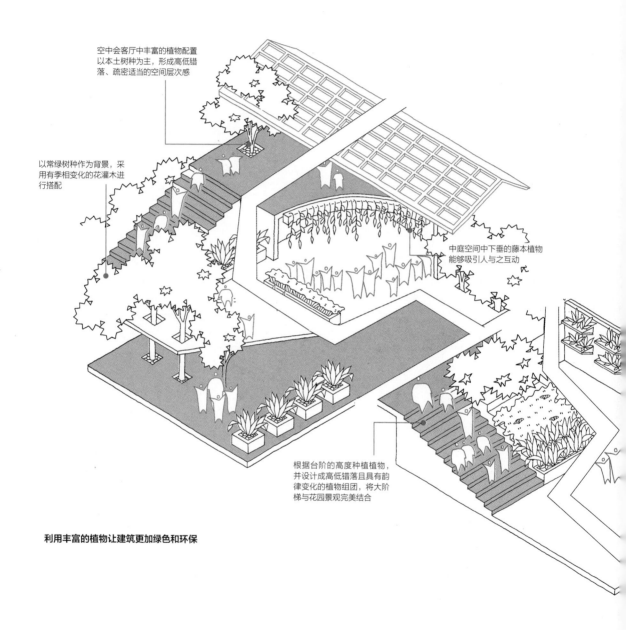

空中会客厅中丰富的植物配置以本土树种为主，形成高低错落、疏密适当的空间层次感

以常绿树种作为背景，采用有季相变化的花灌木进行搭配

中庭空间中下垂的藤本植物能够吸引人与之互动

根据台阶的高度种植植物，并设计成高低错落且具有韵律变化的植物组团，将大阶梯与花园景观完美结合

利用丰富的植物让建筑更加绿色和环保

玻璃屋顶满足植物
对光照的需求

具有季相变化的植
物品种

护栏

花灌木

空中平台

空间中配置具有季相变化的植物品种，随着叶子的生长与脱落能有效地改善室内微气候环境

极富生命力的建筑立面与植物结合，
将更多的自然气息引入了城市中心

具有季相变化的植物品种

玻璃屋顶

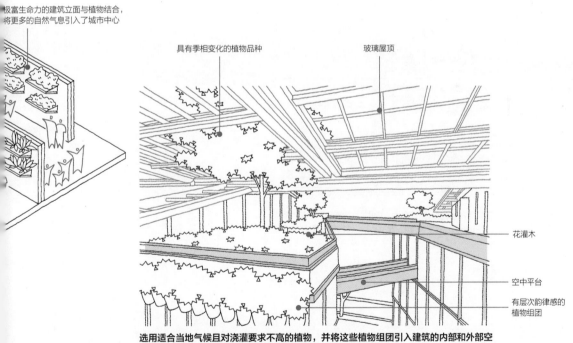

花灌木

空中平台

有层次韵律感的
植物组团

选用适合当地气候且对浇灌要求不高的植物，并将这些植物组团引入建筑的内部和外部空
间，让建筑在一年四季中都能充满生机与活力

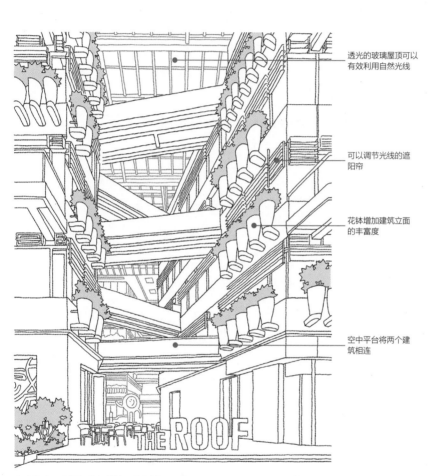

透光的玻璃屋顶可以
有效利用自然光线

可以调节光线的遮
阳帘

花钵增加建筑立面
的丰富度

空中平台将两个建
筑相连

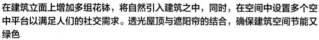

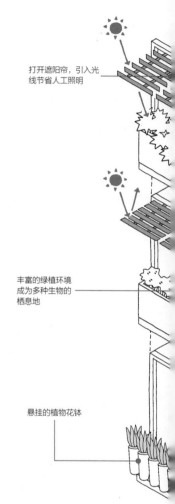

打开遮阳帘，引入光
线节省人工照明

丰富的绿植环境
成为多种生物的
栖息地

悬挂的植物花钵

在建筑立面上增加多组花钵，将自然引入建筑之中，同时，在空间中设置多个空
中平台以满足人们的社交需求。透光屋顶与遮阳帘的结合，确保建筑空间节能又
绿色

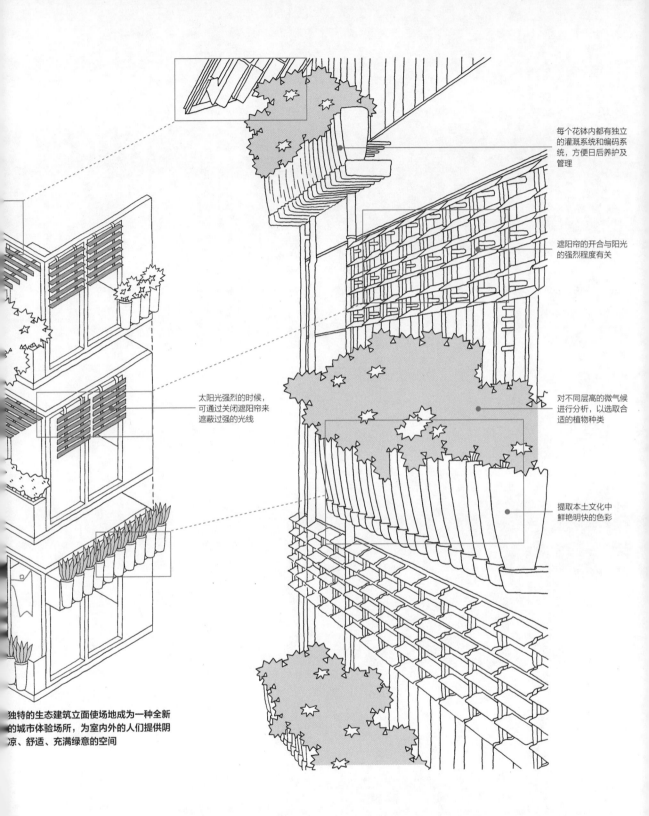

每个花体内都有独立的灌溉系统和编码系统，方便日后养护及管理

遮阳帘的开合与阳光的强烈程度有关

太阳光强烈的时候，可通过关闭遮阳帘来遮蔽过强的光线

对不同层高的微气候进行分析，以选取合适的植物种类

提取本土文化中鲜艳明快的色彩

独特的生态建筑立面使场地成为一种全新的城市体验场所，为室内外的人们提供阴凉、舒适、充满绿意的空间

第 3 章

滨水湿地景观

3.1 借助自然地形重塑城市滨河环境

（1）利用高差地形的景观平衡手法

顺应场地中沟壑的深度和走向，因地制宜地运用下沉空间营造景观层次，实现对既存消极空间的创造性改造与利用，并且通过填挖结合的方式实现土方平衡，最大限度地降低修复成本，重塑城市滨河环境，实现人们对自然情感的共鸣。

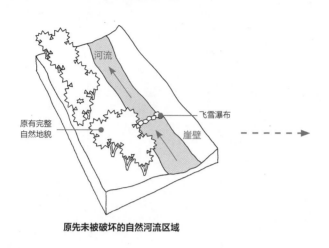

原先未被破坏的自然河流区域

随着城市化进程的加快，市政工程建设对自然造□破坏，给自然环境留下深深的伤痕，割裂了原始□地的完整性

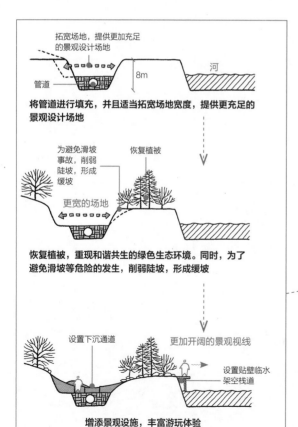

将管道进行填充，并且适当拓宽场地宽度，提供更充足的景观设计场地

恢复植被，重现和谐共生的绿色生态环境。同时，为了避免滑坡等危险的发生，削弱陡坡，形成缓坡

增添景观设施，丰富游玩体验

营造"森林峡谷"，对被破坏的场地地貌与植被环境进一步修复

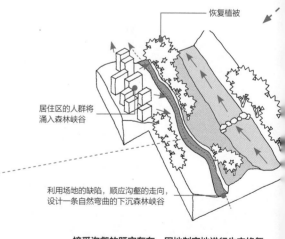

接受沟壑的既定存在，因地制宜地进行生态修复，为自然发声

项目名称及地点	重庆文旅城滨河公园，重庆市沙坪坝区
设计单位及时间	承迹景观，2018年
项目面积	30000m²
项目简介	面对因城市化需要而被破坏的自然生态，最有效、成本最低的解决方式是对场地的顺应与尊重，因势而为地重新定义场地中自然与人的关系，达成融合互动、和谐共生的场地精神

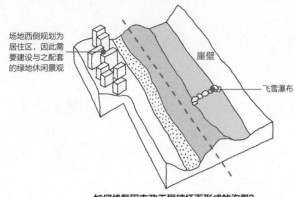

如何修复因市政工程破坏而形成的沟壑？

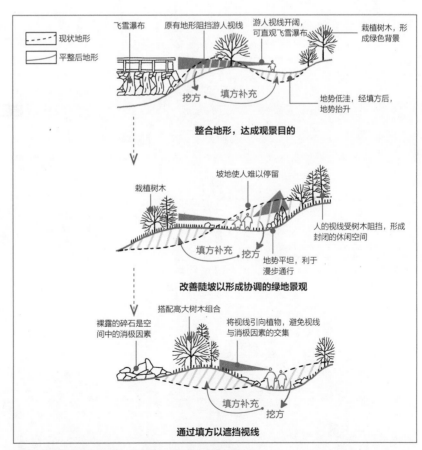

重现"飞雪瀑布"昔日风采，以填挖结合的方式整理地形

（2）森林峡谷的流线构思与水之体验

流动的行进路线以下沉的蜿蜒通道为始，诉说着原始场地的经历。行至洞穴入口，与飞雪瀑布相邻，虽不见激流，但闻冲荡之声，配合水涟漪雕塑，实现了水的再现与永恒。在洞穴中，体验一番沉思与感悟，行至洞穴出口，观景平台与瀑布遥相对望……在经历蜿蜒追忆、飞瀑之音、水之永恒、洞穴穿行之后，自然的瀑布映入眼帘，实现了完整的水之体验。

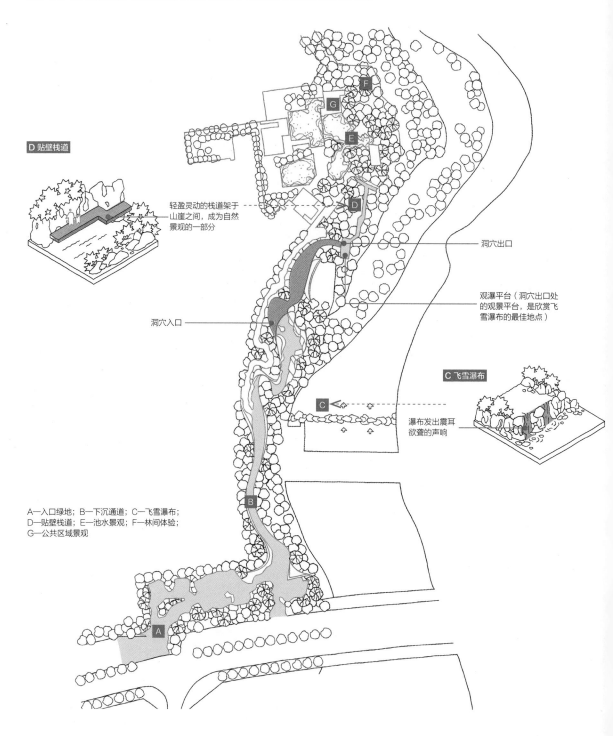

D 贴壁栈道

轻盈灵动的栈道架于
山崖之间，成为自然
景观的一部分

洞穴出口

观瀑平台（洞穴出口
处的观景平台，是欣赏
飞雪瀑布的最佳地点）

洞穴入口

C 飞雪瀑布

瀑布发出震耳
欲聋的声响

A—入口绿地；B—下沉通道；C—飞雪瀑布；
D—贴壁栈道；E—池水景观；F—林间体验；
G—公共区域景观

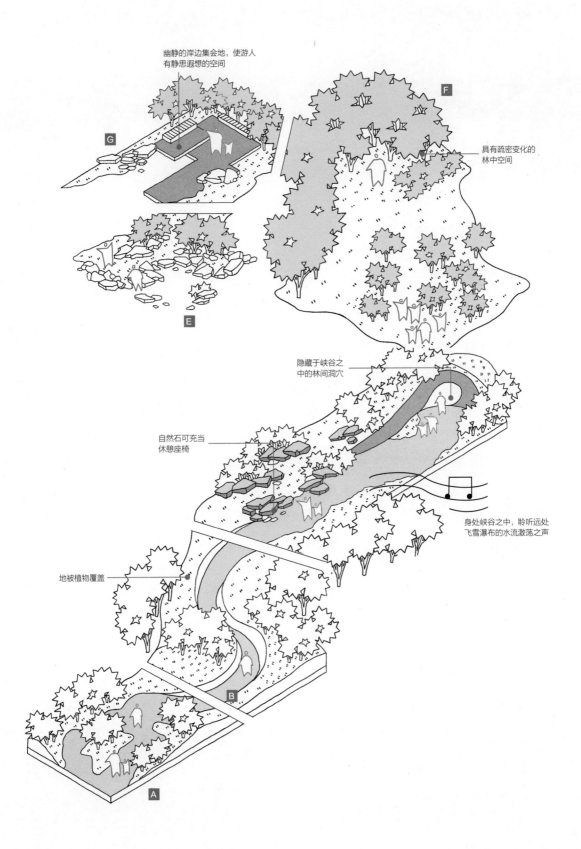

幽静的岸边集会地，使游人
有静思遐想的空间

G

F

具有疏密变化的
林中空间

E

隐藏于峡谷之
中的林间洞穴

自然石可充当
休憩座椅

身处峡谷之中，聆听远处
飞雪瀑布的水流激荡之声

地被植物覆盖

B

A

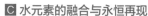

C 水元素的融合与永恒再现

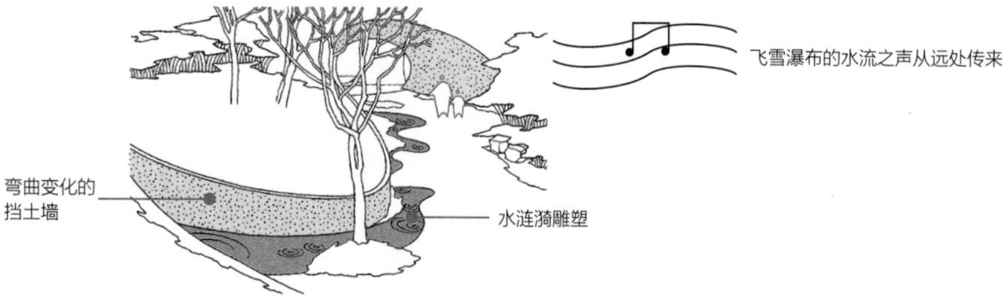
飞雪瀑布的水流之声从远处传来
弯曲变化的
挡土墙
水涟漪雕塑

D 各元素融合的洞穴入口空

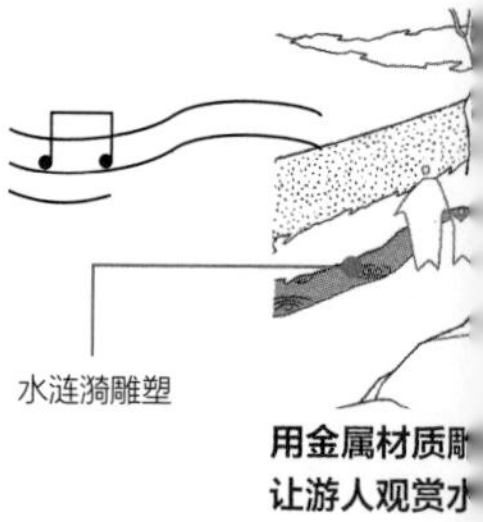
水涟漪雕塑
用金属材质
让游人观赏

B 曲折变化的挡土墙

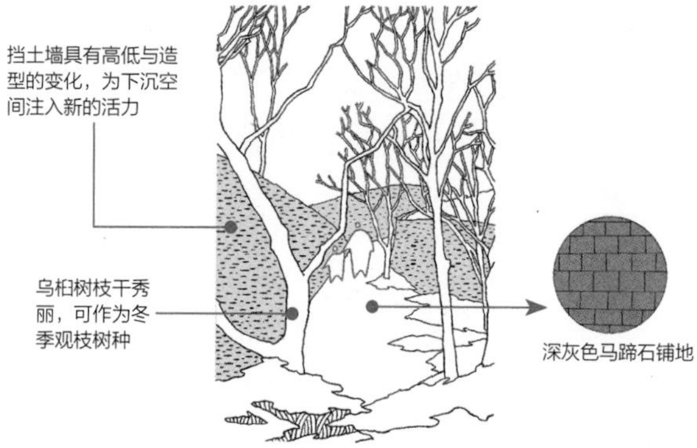
挡土墙具有高低与造
型的变化，为下沉空
间注入新的活力
乌桕树枝干秀
丽，可作为冬
季观枝树种
深灰色马蹄石铺地

A 收紧的通道

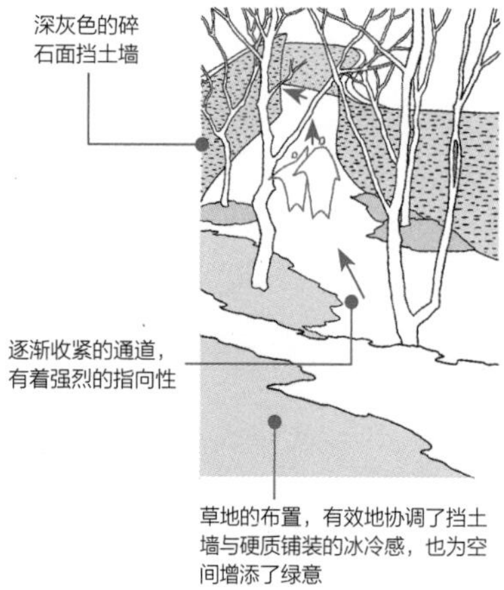
深灰色的碎
石面挡土墙
逐渐收紧的通道，
有着强烈的指向性
草地的布置，有效地协调了挡土
墙与硬质铺装的冰冷感，也为空
间增添了绿意

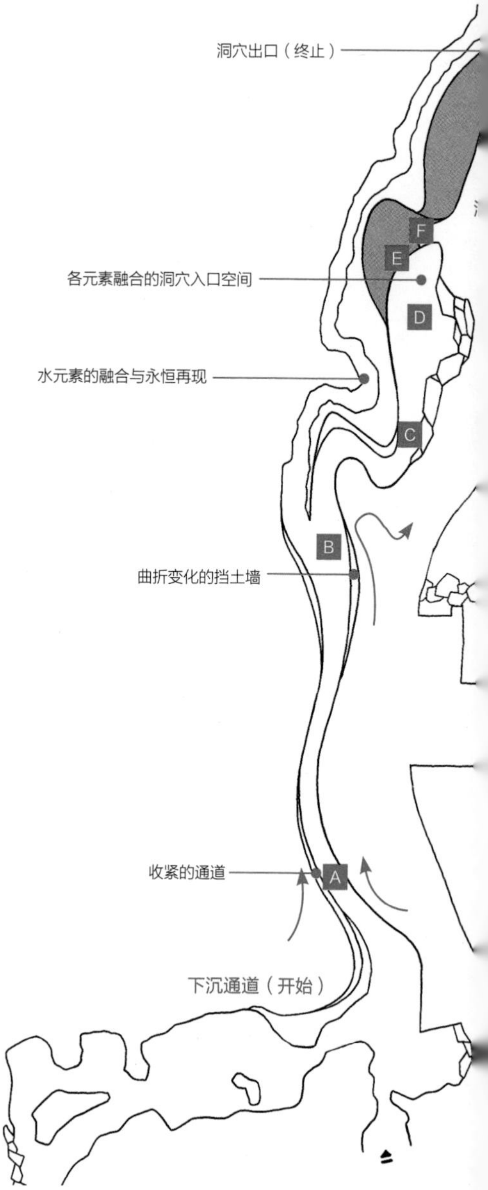
洞穴出口（终止）
F
E
各元素融合的洞穴入口空间
D
水元素的融合与永恒再现
C
B
曲折变化的挡土墙
收紧的通道
A
下沉通道（开始）

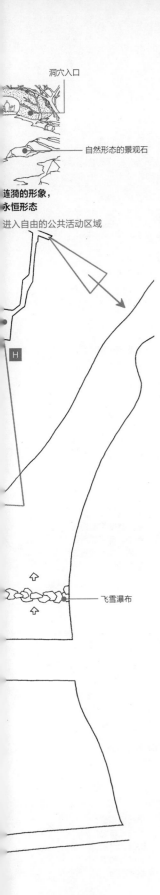

洞穴入口

自然形态的景观石

连漪的形象，
永恒形态
进入自由的公共活动区域

H

飞雪瀑布

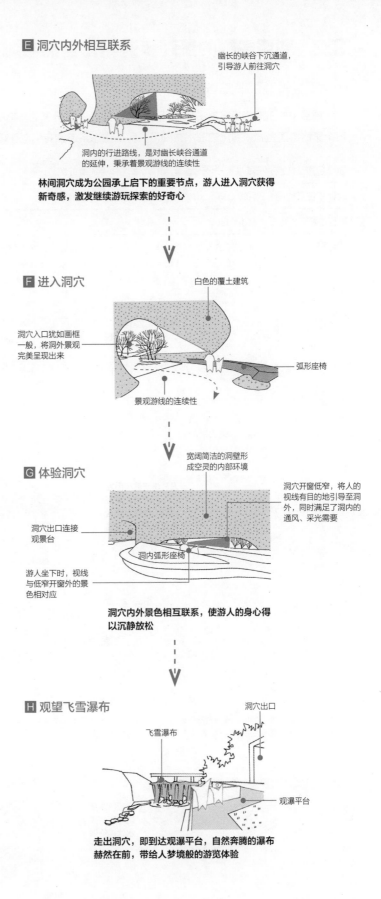

E 洞穴内外相互联系

幽长的峡谷下沉通道，
引导游人前往洞穴

洞内的行进路线，是对幽长峡谷通道
的延伸，秉承着景观游线的连续性

**林间洞穴成为公园承上启下的重要节点，游人进入洞穴获得
新奇感，激发继续游玩探索的好奇心**

F 进入洞穴

白色的覆土建筑

洞穴入口犹如画框
一般，将洞外景观
完美呈现出来

弧形座椅

景观游线的连续性

G 体验洞穴

宽阔简洁的洞壁形
成空灵的内部环境

洞穴开窗低窄，将人的
视线有目的引导至洞
外，同时满足了洞内的
通风、采光需要

洞穴出口连接
观景台

洞内弧形座椅

游人坐下时，视线
与低窄开窗外的景
色相对应

**洞穴内外景色相互联系，使游人的身心得
以沉静放松**

H 观望飞雪瀑布

洞穴出口

飞雪瀑布

观瀑平台

**走出洞穴，即到达观瀑平台，自然奔腾的瀑布
赫然在前，带给人梦境般的游览体验**

73

3.2 利用多样的景观步道柔化自然与城市的边界

（1）滨水景观带的生态修复

项目中的生态修复策略主要包括水资源管理、生态栖息地营造和构建系统生态格局，并通过这三个策略构建生物多样化的滨水景观带，实现生态系统的有机自循环。

项目名称及地点	深圳大沙河生态长廊，广东省深圳市南山区
设计单位及时间	AECOM，2019年
项目面积	933000m²
项目简介	由于河流污染加剧，大沙河丧失了自净能力。该项目将生态理念融入滨水空间的再造过程中，借此促进大沙河的生态修复，并把人跟水之间的亲密关系重新联系起来

大沙河的"前世"与"新生"

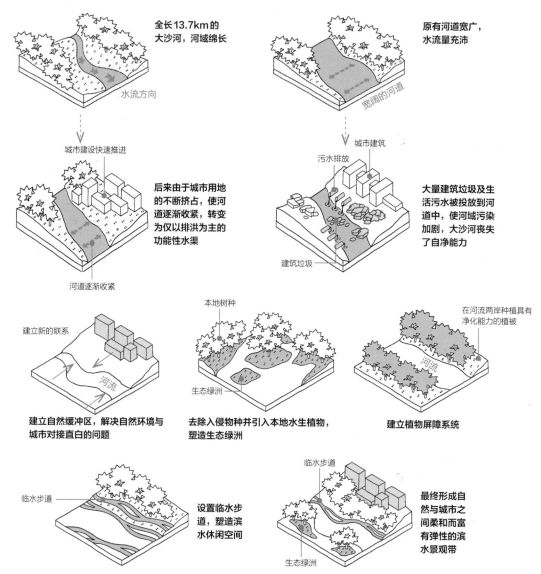

河域生态恢复的综合策略

良性的水循环系统

雨水通过土壤下渗来涵养水土 + 河道两侧形成汇聚地势,使雨水流入河道 + 阶梯状河流减缓水流速度 + 使用碎石形成护岸,净化并过滤雨水中的杂质

碎石护岸

精选的植物物种

运用灌木等植物形成生态绿色护坡 + 林带释放大量氧气,形成天然的氧吧 + 设置分水绿岛将水流分流,减缓了水流的流速 + 在河道之中设置碎石河道,以净化和过滤水中的杂质

来自上游的土石杂质

碎石河道

野生生物栖息地

景观步道

人流方向

种植有自净化能力的植被

亲水平台

大沙河

精选植物物种

亲水平台

城市建筑

大沙河

多层次的景观步道

重塑的湿地公园成为环境生态修复的典型案例,也成为人们活动的主要场所

75

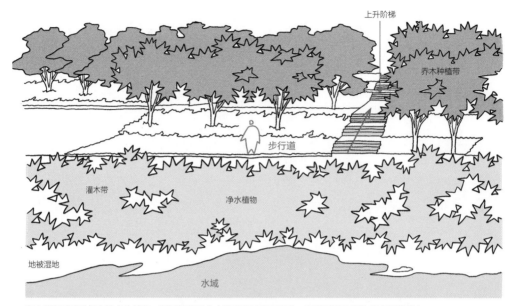

上升阶梯

乔木种植带

步行道

灌木带

净水植物

地被湿地

水域

在大沙河两岸种植本地水生植物，通过植物对水中杂质的过滤和吸收，帮助河流恢复生态自净化能力

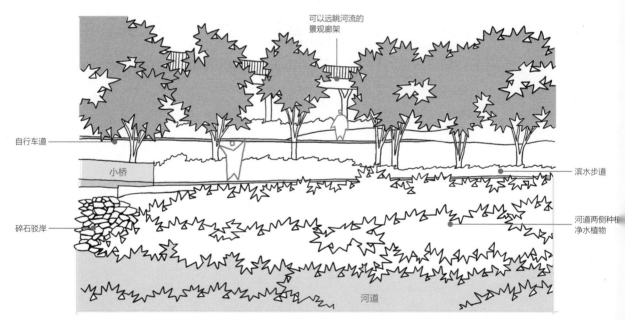

可以远眺河流的
景观廊架

自行车道

小桥

碎石驳岸

滨水步道

河道两侧种植
净水植物

河道

逐步恢复生态净化能力的大沙河将为各类生物提供栖息繁衍的空间，有利于提高河岸周边的生物多样性

（2）如何丰富景观层次

　　本项目通过架高景观廊道、抬升地形、种植高低错落的植物等手法，有效地丰富景观的竖向空间层次。

植物分隔两条道路

道路两旁栽植高低错落的植物，从视觉上丰富人们的空间感受，为游人提供舒适的漫步环境

河道方向

精选本地灌木

橡胶铺地跑道

景观步道

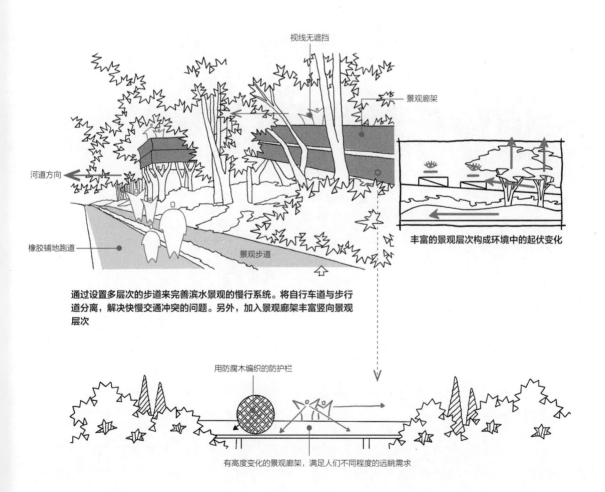

视线无遮挡

景观廊架

河道方向

橡胶铺地跑道

景观步道

丰富的景观层次构成环境中的起伏变化

通过设置多层次的步道来完善滨水景观的慢行系统。将自行车道与步行道分离，解决快慢交通冲突的问题。另外，加入景观廊架丰富竖向景观层次

用防腐木编织的防护栏

有高度变化的景观廊架，满足人们不同程度的远眺需求

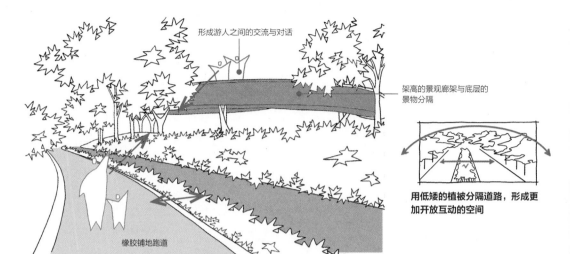

形成游人之间的交流与对话

架高的景观廊架与底层的景物分隔

橡胶铺地跑道

用低矮的植被分隔道路，形成更加开放互动的空间

设置景观廊架将景物进行分隔，利用这种隔景法丰富景观层次，形成近在咫尺但不可及的意境

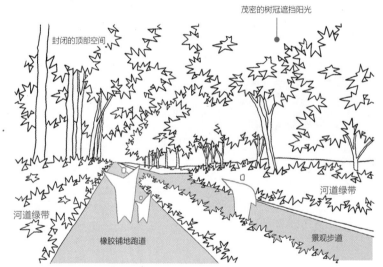

茂密的树冠遮挡阳光

封闭的顶部空间

河道绿带

河道绿带

橡胶铺地跑道

景观步道

密集的树冠在道路上方形成封闭的顶部空间，既能形成绿荫引导游人的视线，也能增加游人在步行过程中的互动交流机会

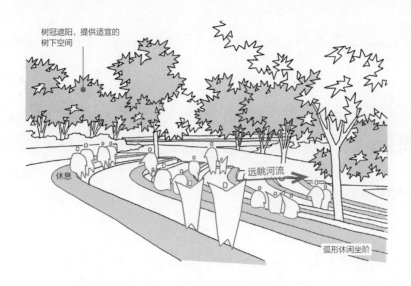

树冠遮阳，提供适宜的
树下空间

休息

远眺河流

弧形休闲坐阶

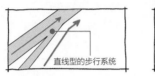

直线型的步行系统

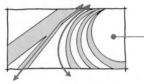

引入阶梯式的弧形坐
阶，打破单一的直线
构成

安置在河岸的弧形坐阶满足了通行、休憩、社交、远眺等多种需求

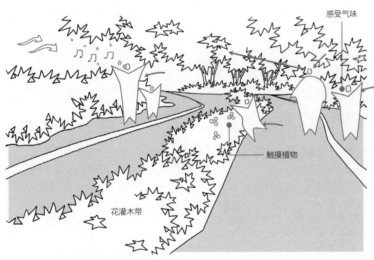

感受气味

树林中传来鸟鸣声、
树叶的沙沙声和人
们的私语声

触摸植物

花灌木带

场地之中具有丰富的感官体验

花灌木带（感官的丰富体验）

触　　　　　嗅　　　　　　　　　　　　　　　　视

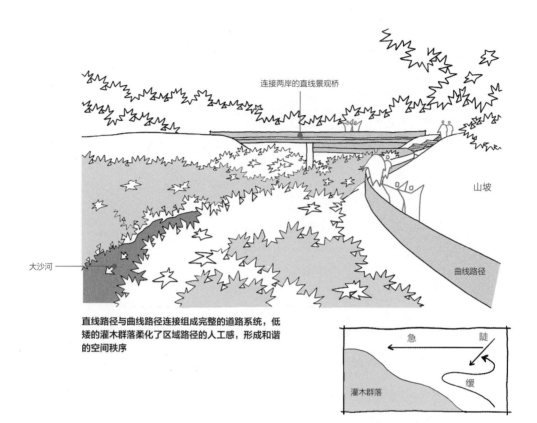

连接两岸的直线景观桥

山坡

曲线路径

大沙河

直线路径与曲线路径连接组成完整的道路系统，低矮的灌木群落柔化了区域路径的人工感，形成和谐的空间秩序

急　　　陡

缓

灌木群落

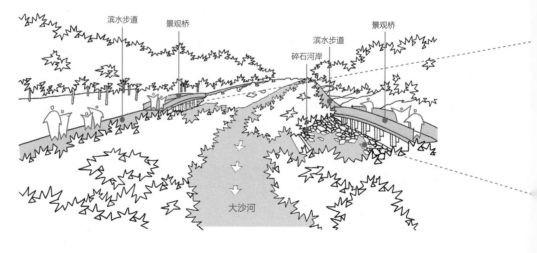

滨水步道　景观桥　　　　　　　　　景观桥

碎石河岸　滨水步道

大沙河

利用植物遮挡保证游人的视线在滨水环境中，以及河域景观的独立性

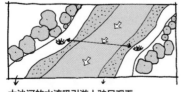

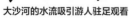

大沙河的水流吸引游人驻足观看

人行道

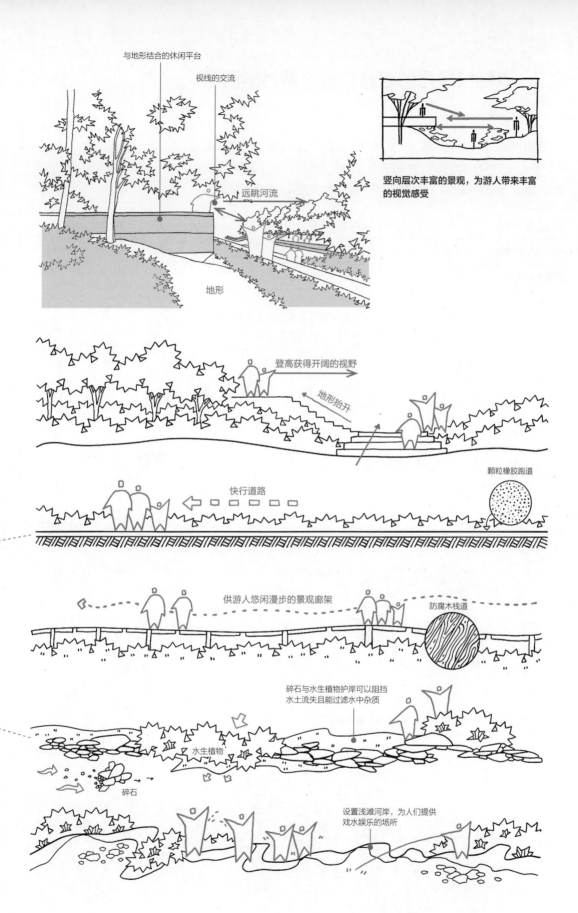

与地形结合的休闲平台

视线的交流

远眺河流

地形

竖向层次丰富的景观，为游人带来丰富的视觉感受

登高获得开阔的视野

地形抬升

颗粒橡胶跑道

快行道路

供游人悠闲漫步的景观廊架

防腐木栈道

碎石与水生植物护岸可以阻挡水土流失且能过滤水中杂质

水生植物

碎石

设置浅滩河岸，为人们提供戏水娱乐的场所

3.3 以梯级净化的思路应对水质污染问题

（1）大面积水域的综合处理

利用梯级净化湿地环境，对污水进行处理，同时打破硬质驳岸边界，营造弹性的自然湿地环境，提升公园的空间品质。设计多层次亲水体验区域，结合游线步道系统满足不同水位条件下的游人亲水需求。

项目名称及地点	美舍河凤翔湿地公园，海南省海口市
设计单位及时间	土人设计，2016年
项目面积	785000m²
项目简介	该场地是美舍河海绵城市的展示窗口，设计面积较大。本项目旨在建设一个综合性生态城市湿地公园，展示公园的自然之美，解决泄洪和水质污染问题，满足市民休闲需求

在雨季，雨水大量汇集到河流之中。美舍河成为重要的泄洪场地，雨洪管理是设计的重点

当部分生活污水不可避免地排入河流之中，如何利用地势形成梯级净化系统来进行污水的生态处理，是设计之中的难点

水域的雨洪管理设计

F 植物缓冲屏障带

在靠近城市的边缘种植密林屏障，在绿化城市边界的同时，形成缓冲屏障带

A 阻流石块

当河道较为狭窄时，水流流速加快，可设置阻流石块，减缓水流速度

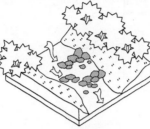

G 加宽的河道

增加水域的蓄水量，雨季时可吸纳更多水量，当旱季来临，也可作为城市用水的补充

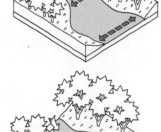

B 回水湾

在回水湾种植水生植物群，形成流速柔和的水域环境，有利于生物的聚集和繁衍

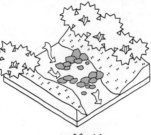

H 设置次级河道

实现水域分流，满足水域行洪需求，在雨洪季节快速过洪，降低洪水对下游的压力

C 宽阔笔直的河道

减少水流对两岸的冲刷，兼顾雨季泄洪的任务

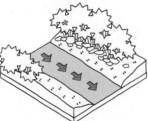

I 湖心岛

栽植植物群组，形成绿色岛屿，同时为生物提供栖息空间

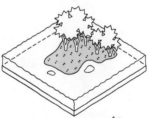

D 增设蓄水池

靠近水域边缘设置蓄水池，吞纳部分上涨水量，以降低雨季洪汛危险

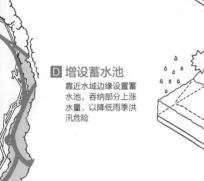

J 人工群岛湿地

具有分流的作用，并将水引入湿地中净化

E 曲形河道

水流速度减缓，提供更加安全的水域环境

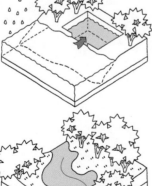

K 河漫滩湿地

构建互通的湿地系统，能够互补调节、净化水质。在雨季来临时可分担泄洪压力，形成浅水区

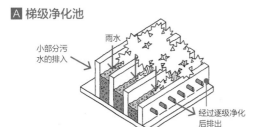

A 梯级净化池

小部分污水的排入

雨水

植物种植

经过逐级净化后排出

雨水冲刷土壤，携带泥沙与杂质，通过梯级净化逐级沉降，靠植物根系吸收部分杂质，再排入水域之中

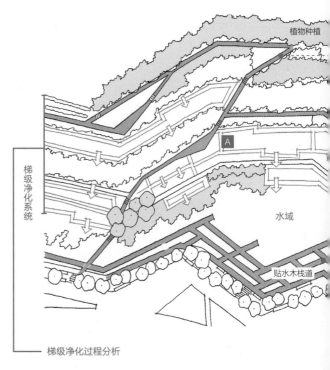

梯级净化系统

水域

贴水木栈道

B 梯形缓冲坡地

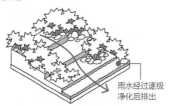

雨水经过逐级净化后排出

避免使用硬质护岸而选择自然梯形坡地。种植根系发达的喜水植物，增加生态建设，向游人提供亲水机会

梯级净化过程分析

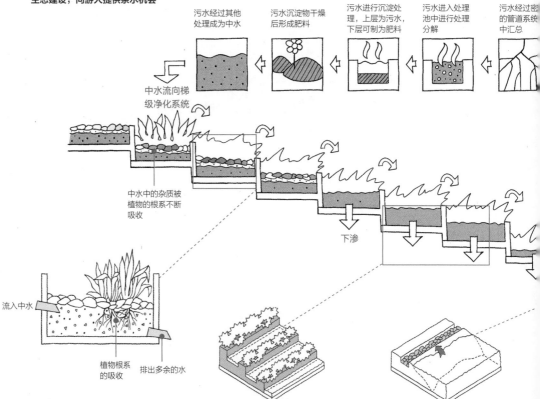

污水经过其他处理成为中水

污水沉淀物干燥后形成肥料

污水进行沉淀处理，上层为污水，下层可制为肥料

污水进入处理池中进行处理分解

污水经过密的管道系统中汇总

中水流向梯级净化系统

中水中的杂质被植物的根系不断吸收

下渗

流入中水

植物根系的吸收

排出多余的水

小型梯级净化系统：利用场地高差形成小型梯级净化系统，有效吸附水中杂质，进行实时净化

碎石防洪带：在河滩后增加防护沟，并放入碎石，上方可铺设道路或形成绿化带，雨季河水上涨时可以容纳洪水

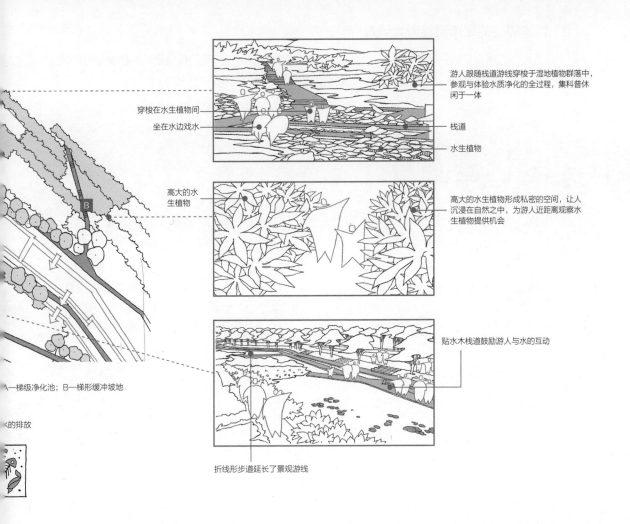

游人跟随栈道游线穿梭于湿地植物群落中，参观与体验水质净化的全过程，集科普休闲于一体

穿梭在水生植物间

坐在水边戏水

栈道

水生植物

高大的水生植物

高大的水生植物形成私密的空间，让人沉浸在自然之中，为游人近距离观察水生植物提供机会

贴水木栈道鼓励游人与水的互动

A—梯级净化池；B—梯形缓冲坡地

的排放

折线形步道延长了景观游线

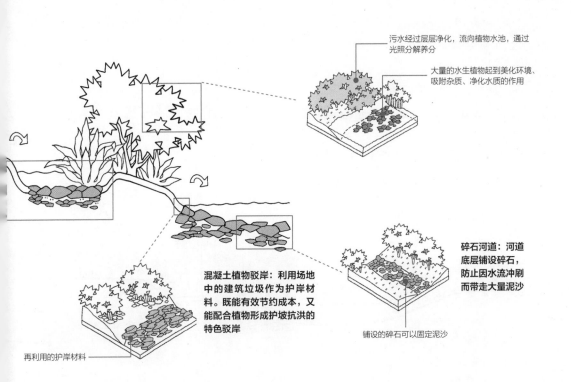

污水经过层层净化，流向植物水池，通过光照分解养分

大量的水生植物起到美化环境、吸附杂质、净化水质的作用

混凝土植物驳岸：利用场地中的建筑垃圾作为护岸材料。既能有效节约成本，又能配合植物形成护坡抗洪的特色驳岸

碎石河道：河道底层铺设碎石，防止因水流冲刷而带走大量泥沙

铺设的碎石可以固定泥沙

再利用的护岸材料

（2）营造舒适的城市湿地漫步景观

　　靠近河岸的滨水步道设计通过打破驳岸边界营造更多的自然湿地环境，增加景观平台满足市民休闲的需求；通过植物景观营造不同的漫步栈道空间，为游人带来不同的游玩体验。

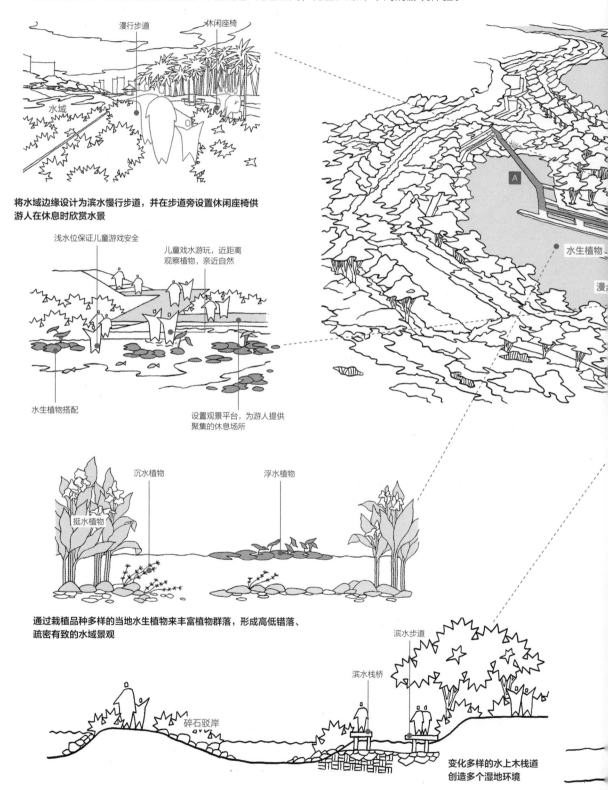

漫行步道　休闲座椅

水域

将水域边缘设计为滨水慢行步道，并在步道旁设置休闲座椅供游人在休息时欣赏水景

浅水位保证儿童游戏安全

儿童戏水游玩，近距离观察植物，亲近自然

水生植物搭配

设置观景平台，为游人提供聚集的休息场所

沉水植物　　浮水植物

挺水植物

通过栽植品种多样的当地水生植物来丰富植物群落，形成高低错落、疏密有致的水域景观

A

水生植物

漫

滨水步道

滨水栈桥

碎石驳岸

变化多样的水上木栈道创造多个湿地环境

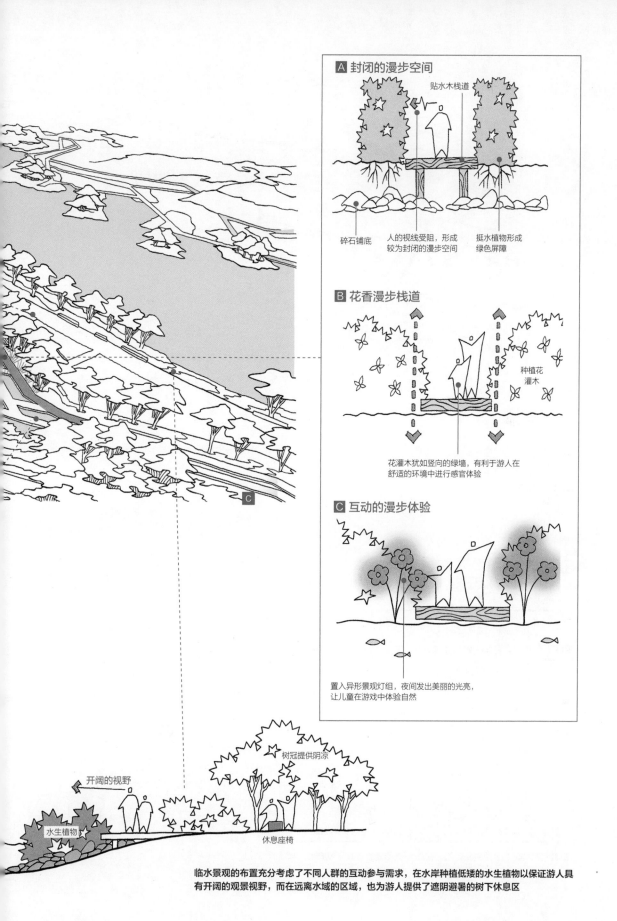

A 封闭的漫步空间

贴水木栈道

碎石铺底

人的视线受阻，形成
较为封闭的漫步空间

挺水植物形成
绿色屏障

B 花香漫步栈道

种植花
灌木

花灌木犹如竖向的绿墙，有利于游人在
舒适的环境中进行感官体验

C 互动的漫步体验

置入异形景观灯组，夜间发出美丽的光亮，
让儿童在游戏中体验自然

树冠提供阴凉

开阔的视野

水生植物

休息座椅

临水景观的布置充分考虑了不同人群的互动参与需求，在水岸种植低矮的水生植物以保证游人具
有开阔的观景视野，而在远离水域的区域，也为游人提供了遮阴避暑的树下休息区

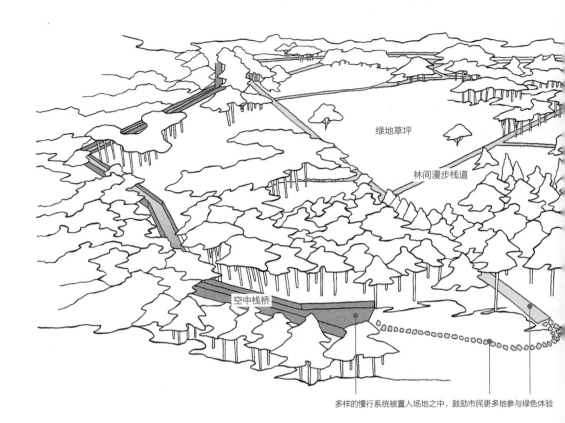

绿地草坪

林间漫步栈道

空中栈桥

多样的慢行系统被置入场地之中，鼓励市民更多地参与绿色体验

A 绿地草坪

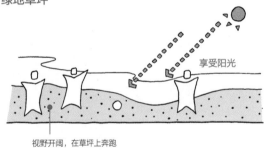

享受阳光

视野开阔，在草坪上奔跑

平坦开阔的草坪可以提供绝佳的社交场所，来满足市民的多种休闲活动需求

B 密林景观

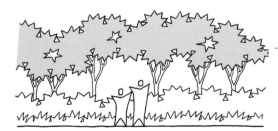

密林景观中丰富的公园植被系统，打造出一处绝佳的城市绿色氧吧

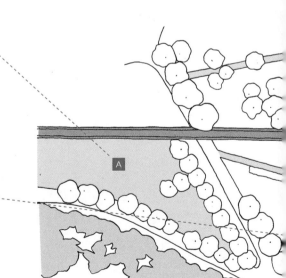

A

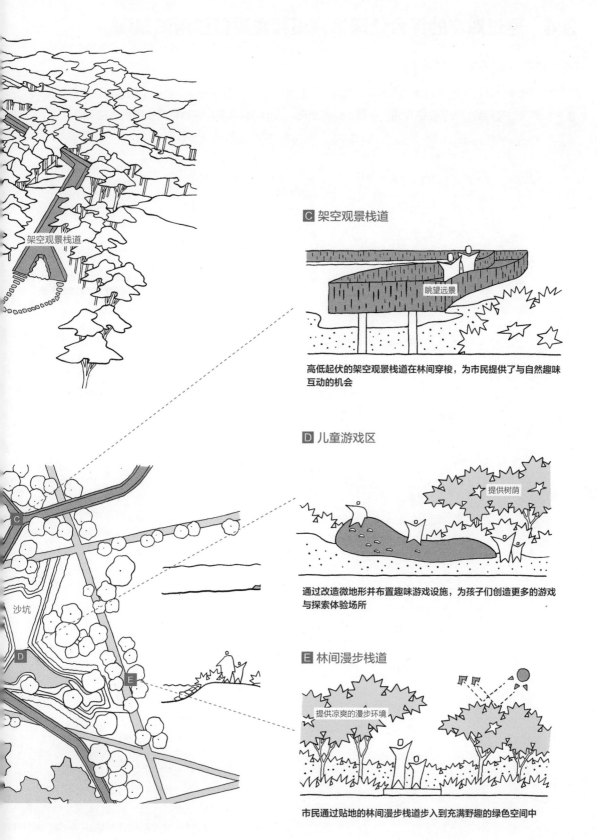

架空观景栈道

C 架空观景栈道

眺望远景

高低起伏的架空观景栈道在林间穿梭，为市民提供了与自然趣味
互动的机会

D 儿童游戏区

提供树荫

通过改造微地形并布置趣味游戏设施，为孩子们创造更多的游戏
与探索体验场所

沙坑

E 林间漫步栈道

提供凉爽的漫步环境

市民通过贴地的林间漫步栈道步入到充满野趣的绿色空间中

3.4　通过对水的综合处理来恢复和重建自然河滩景观

（1）弹性景观策略应对洪水问题

当雨季来临，利用地形的横向高差来处理丰水期的水位变化。驳岸两侧种植挺水植物，在不影响植物生长的同时又起到护坡美化的作用。随着水位的变化，人们可以观赏到亲水性更佳的高水位景观。

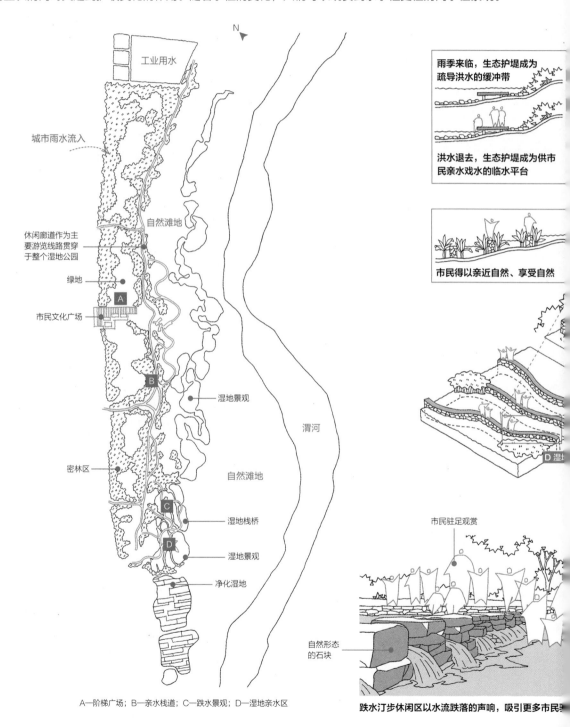

雨季来临，生态护堤成为疏导洪水的缓冲带

洪水退去，生态护堤成为供市民亲水戏水的临水平台

市民得以亲近自然、享受自然

市民驻足观赏

自然形态的石块

A—阶梯广场；B—亲水栈道；C—跌水景观；D—湿地亲水区

跌水汀步休闲区以水流跌落的声响，吸引更多市民驻足

项目名称及地点	咸阳渭柳湿地公园，陕西省咸阳市
设计单位及时间	北京一方天地环境景观规划设计咨询有限公司，2018年
项目面积	1250000m²
项目简介	在城市高速发展的背景下，渭河沿线的自然乡野河滩被不断侵占，导致动植物赖以生存的自然环境日益恶化，而且硬质护堤等水利工程也导致河滩湿地退化，人们越来越渴望乡野生活中的自然气息

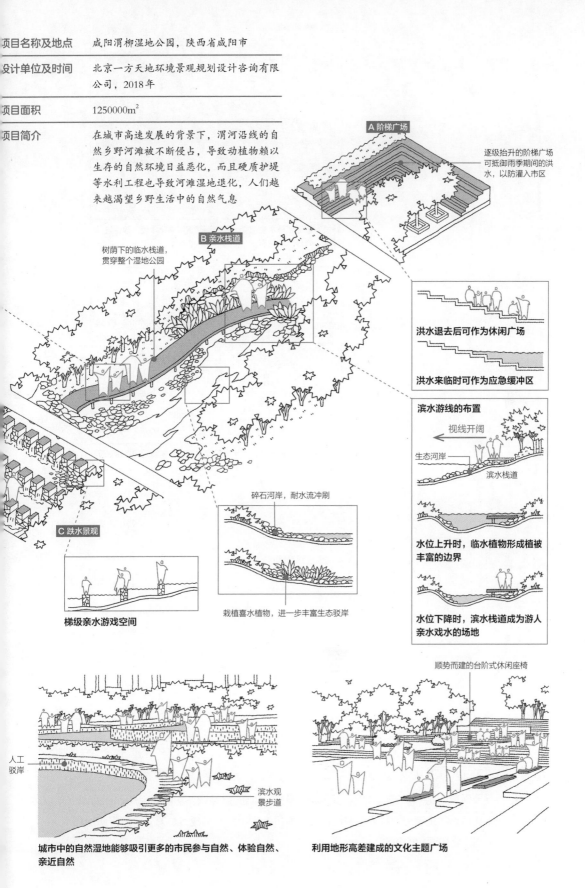

A 阶梯广场

逐级抬升的阶梯广场可抵御雨季期间的洪水，以防灌入市区

B 亲水栈道

树荫下的临水栈道，贯穿整个湿地公园

洪水退去后可作为休闲广场

洪水来临时可作为应急缓冲区

滨水游线的布置

视线开阔

生态河岸
滨水栈道

水位上升时，临水植物形成植被丰富的边界

水位下降时，滨水栈道成为游人亲水戏水的场地

C 跌水景观

碎石河岸，耐水流冲刷

梯级亲水游戏空间

栽植喜水植物，进一步丰富生态驳岸

顺势而建的台阶式休闲座椅

人工驳岸

滨水观景步道

城市中的自然湿地能够吸引更多的市民参与自然、体验自然、亲近自然

利用地形高差建成的文化主题广场

91

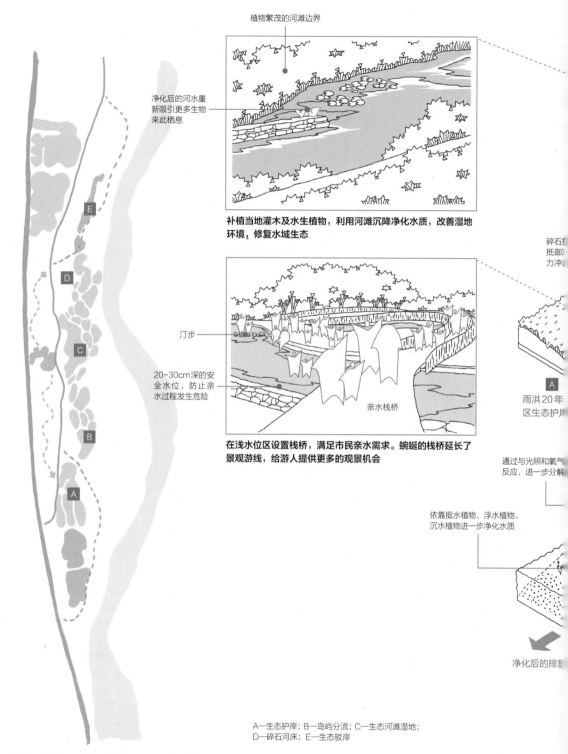

植物繁茂的河滩边界

净化后的河水重
新吸引更多生物
来此栖息

补植当地灌木及水生植物，利用河滩沉降净化水质，改善湿地
环境，修复水域生态

汀步

20~30cm深的安
全水位，防止亲
水过程发生危险

亲水栈桥

在浅水位区设置栈桥，满足市民亲水需求。蜿蜒的栈桥延长了
景观游线，给游人提供更多的观景机会

碎石抵
御冲
力冲

A
雨洪20年
区生态护岸

通过与光照和氧气
反应，进一步分解

依靠挺水植物、浮水植物、
沉水植物进一步净化水质

净化后的排放

A—生态护岸；B—岛屿分流；C—生态河滩湿地；
D—碎石河床；E—生态驳岸

（2）雨洪的影响与城市的应对手法

场地的更新既要保证河道行洪安全通畅，又要兼顾恢复河滩的自然调蓄功能。因此，在河道、河堤的设计过程中均可参考生态防治特点，并结合生物有机处理手段，形成既能对洪水进行防治和缓冲，又能兼顾生态修复和保护的功能。

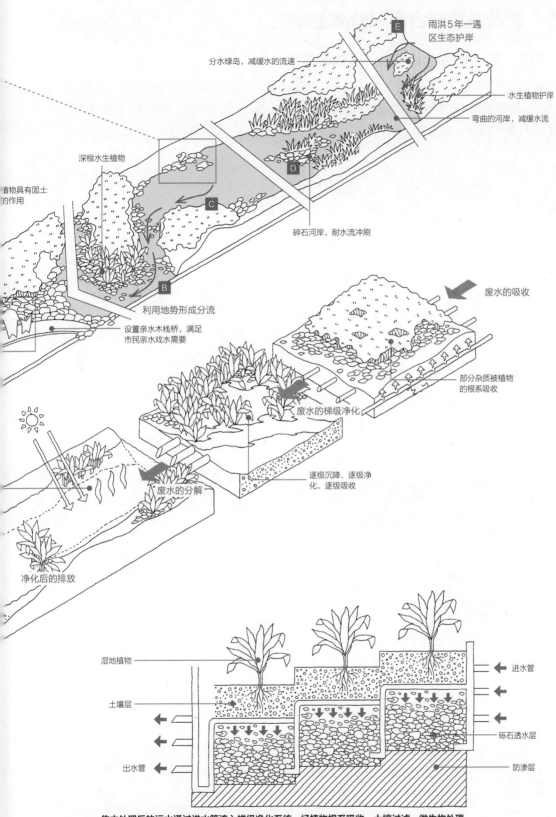

雨洪5年一遇
区生态护岸

分水绿岛，减缓水的流速

水生植物护岸

弯曲的河岸，减缓水流

深根水生植物

植物具有固土
的作用

碎石河岸，耐水流冲刷

利用地势形成分流

设置亲水木栈桥，满足
市民亲水戏水需要

废水的吸收

部分杂质被植物
的根系吸收

废水的梯级净化

逐级沉降、逐级净
化、逐级吸收

废水的分解

净化后的排放

湿地植物

进水管

土壤层

砾石透水层

出水管

防渗层

集中处理后的污水通过进水管流入梯级净化系统，经植物根系吸收、土壤过滤、微生物处理
等多重分解后，最终由出水管排入露天水域，等待下一步水质生态净化

3.5 借助游线聚合串联分散的绿地

（1）借助依水而建的游线系统划分场地新功能区

设计一条长达850m的步行环线将四个滨水空间重新连接，并与不同区域的场地结合形成多个景观节点。原垂直挡墙驳岸被改造为生态石笼式梯级湿地，不仅净化了水体，也营造了生态群落，同时为人们提供了多种亲水可能。

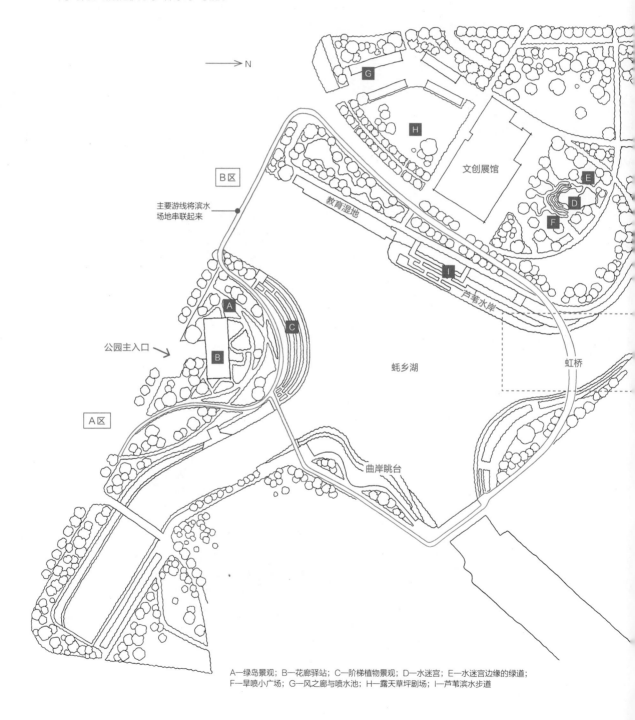

A—绿岛景观；B—花廊驿站；C—阶梯植物景观；D—水迷宫；E—水迷宫边缘的绿道；
F—旱喷小广场；G—风之廊与喷水池；H—露天草坪剧场；I—芦苇滨水步道

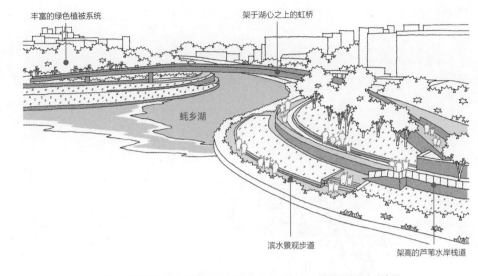

丰富的绿色植被系统

架于湖心之上的虹桥

蚝乡湖

滨水景观步道

架高的芦苇水岸栈道

改造后的蚝乡湖公园所构建的是更具弹性、更具生态、更加洁净的水岸空间

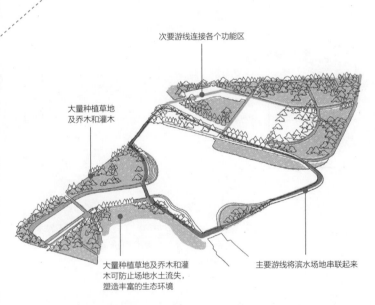

次要游线连接各个功能区

大量种植草地及乔木和灌木

大量种植草地及乔木和灌木可防止场地水土流失，塑造丰富的生态环境

主要游线将滨水场地串联起来

方案平面生成思路

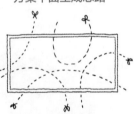

将完整的场地进行分割

形成光滑曲线形状的绿岛空间

增加体量
形成群组

调整绿岛的形状与组合

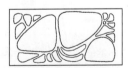

重新进行场地填充，形成特色绿岛景观

项目名称及地点	蚝乡湖公园，广东省深圳市宝安区
设计单位及时间	译地事务所有限公司，2019年
项目面积	130000m²
项目简介	曾经的蚝乡湖是城市中重要的雨洪调蓄池，起到防汛和截污的重要作用，但其水质日益恶化。改造后的蚝乡湖公园将重新恢复净化水体的能力，并为游人提供丰富的亲水游戏体验

（2）水的游戏体验设计与人工湿地的生态环境设计

项目设计了各类亲水活动空间，尤其是教育湿地，利用水生植物与多段净水系统的结合提供生动的生态教育体验区，让儿童在玩耍中学习。

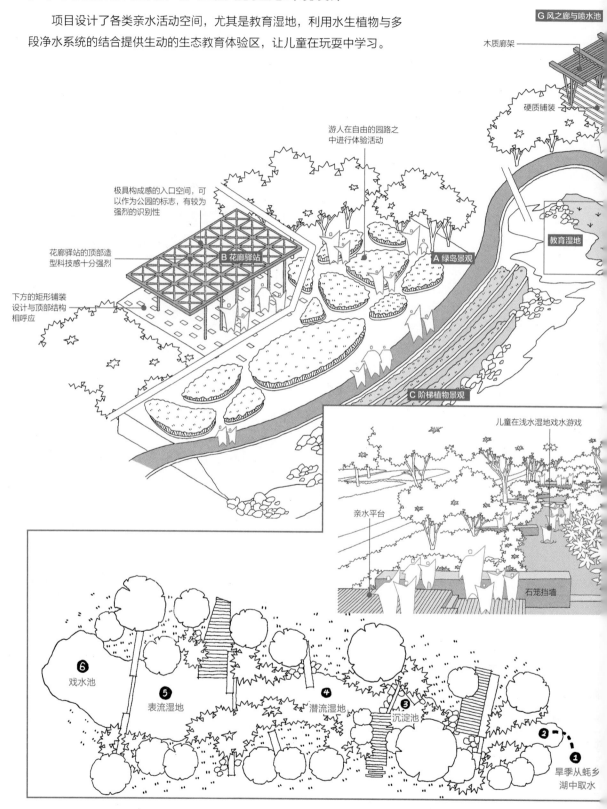

G 风之廊与喷水池

木质廊架

硬质铺装

游人在自由的园路之中进行体验活动

极具构成感的入口空间，可以作为公园的标志，有较为强烈的识别性

花廊驿站的顶部造型科技感十分强烈

B 花廊驿站

下方的矩形铺装设计与顶部结构相呼应

A 绿岛景观

教育湿地

C 阶梯植物景观

儿童在浅水湿地戏水游戏

亲水平台

石笼挡墙

❻ 戏水池

❺ 表流湿地

❹ 潜流湿地

❸ 沉淀池

❷

❶ 旱季从蚝乡湖中取水

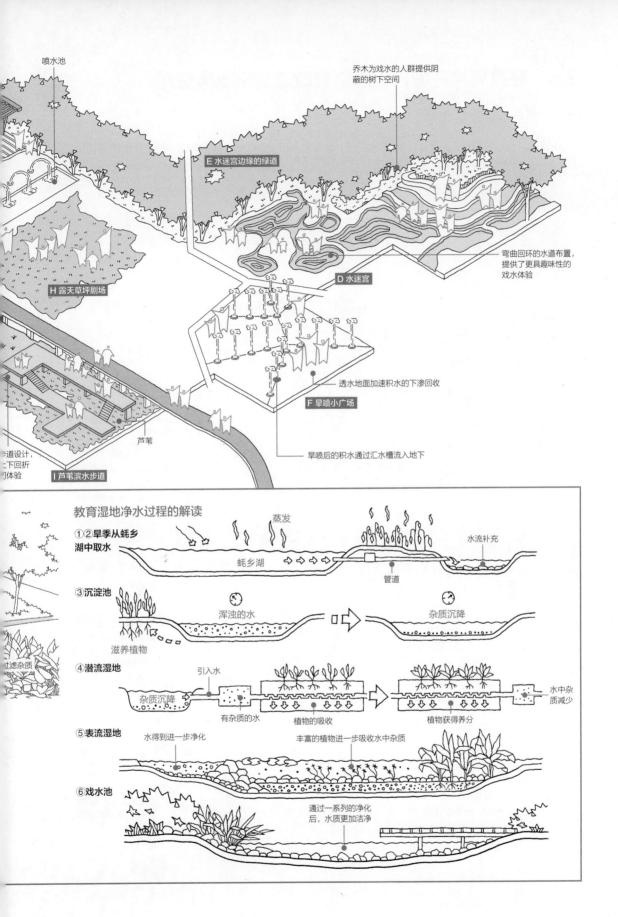

喷水池

乔木为戏水的人群提供阴
蔽的树下空间

E 水迷宫边缘的绿道

D 水迷宫

弯曲回环的水道布置，
提供了更具趣味性的
戏水体验

H 露天草坪剧场

透水地面加速积水的下渗回收

F 旱喷小广场

旱喷后的积水通过汇水槽流入地下

芦苇

水道设计，
上下回折
体验

I 芦苇滨水步道

教育湿地净水过程的解读

①②旱季从蚝乡
湖中取水

蒸发

水流补充

蚝乡湖

管道

③沉淀池

浑浊的水

杂质沉降

滋养植物

过滤杂质

④潜流湿地

引入水

水中杂
质减少

杂质沉降

有杂质的水

植物的吸收

植物获得养分

⑤表流湿地

水得到进一步净化

丰富的植物进一步吸收水中杂质

⑥戏水池

通过一系列的净化
后，水质更加洁净

3.6 尊重场地环境，因地制宜改造城市水岸空间

（1）观景层次的设计思考

由城市到江边提供了四种层次的空间体验，建立从城市到江边的完整联系，把公众带回曾经的水岸边，构建了完整和谐的过渡环境。

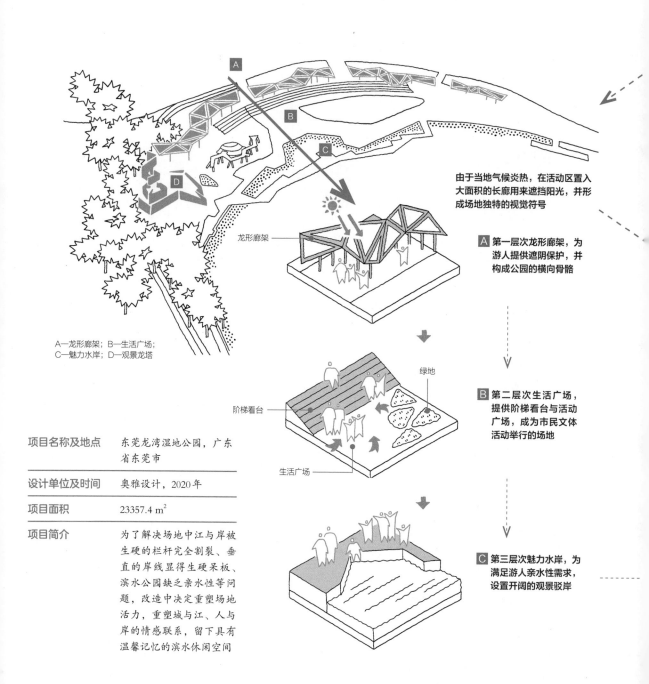

由于当地气候炎热，在活动区置入大面积的长廊用来遮挡阳光，并形成场地独特的视觉符号

龙形廊架

A 第一层次龙形廊架，为游人提供遮阴保护，并构成公园的横向骨骼

A—龙形廊架；B—生活广场；
C—魅力水岸；D—观景龙塔

绿地

阶梯看台

生活广场

B 第二层次生活广场，提供阶梯看台与活动广场，成为市民文体活动举行的场地

C 第三层次魅力水岸，为满足游人亲水性需求，设置开阔的观景驳岸

项目名称及地点	东莞龙湾湿地公园，广东省东莞市
设计单位及时间	奥雅设计，2020年
项目面积	23357.4 m²
项目简介	为了解决场地中江与岸被生硬的栏杆完全割裂、垂直的岸线显得生硬呆板、滨水公园缺乏亲水性等问题，改造中决定重塑场地活力，重塑城与江、人与岸的情感联系，留下具有温馨记忆的滨水休闲空间

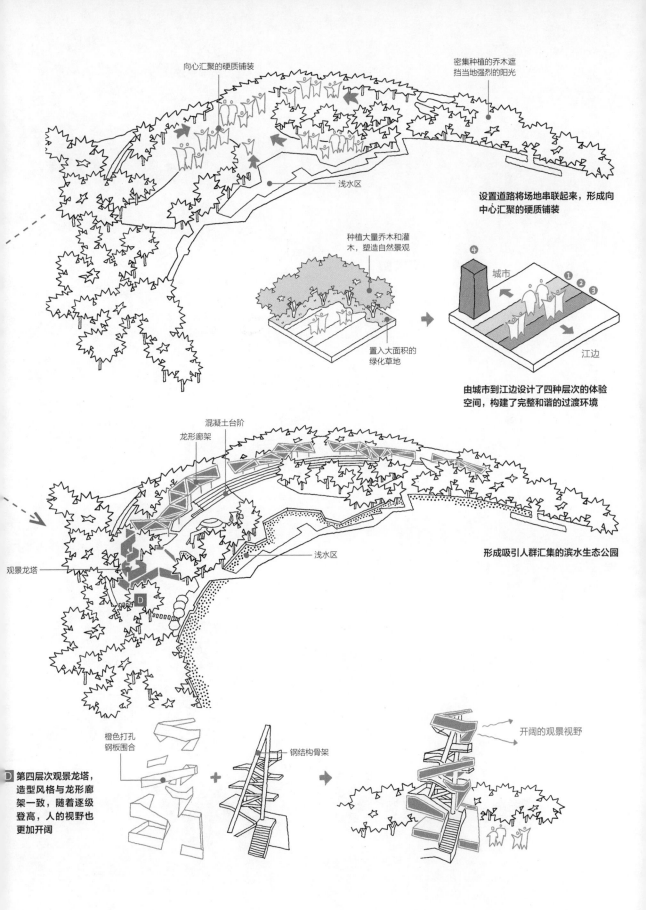

向心汇聚的硬质铺装

密集种植的乔木遮挡当地强烈的阳光

浅水区

设置道路将场地串联起来，形成向中心汇聚的硬质铺装

种植大量乔木和灌木，塑造自然景观

置入大面积的绿化草地

④ 城市

① ② ③

江边

由城市到江边设计了四种层次的体验空间，构建了完整和谐的过渡环境

混凝土台阶

龙形廊架

浅水区

观景龙塔

D

形成吸引人群汇集的滨水生态公园

橙色打孔钢板围合

钢结构骨架

开阔的观景视野

D 第四层次观景龙塔，造型风格与龙形廊架一致，随着逐级登高，人的视野也更加开阔

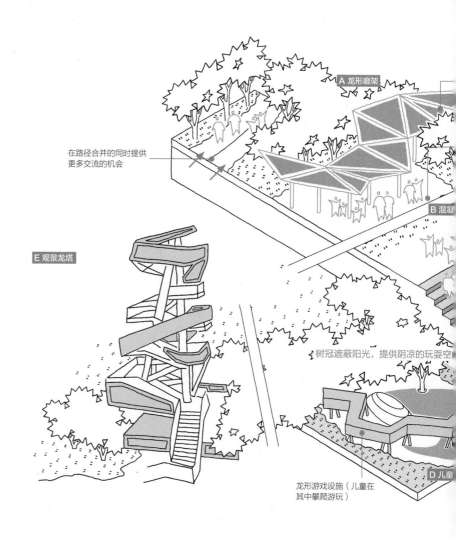

A 龙形廊架

在路径合并的同时提供
更多交流的机会

B 混凝

E 观景龙塔

树冠遮蔽阳光，提供阴凉的玩耍空

龙形游戏设施（儿童在
其中攀爬游玩）

D 儿童

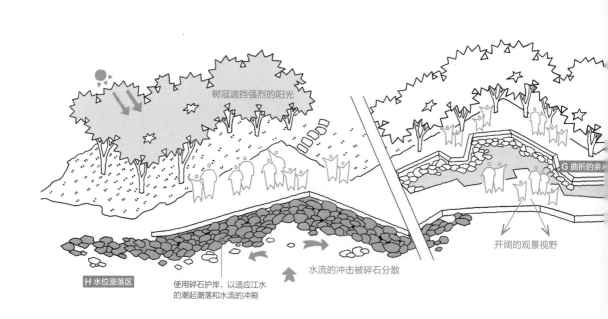

树冠遮挡强烈的阳光

G 曲折的亲水

开阔的观景视野

H 水位涨落区

使用碎石护岸，以适应江水
的潮起潮落和水流的冲刷

水流的冲击被碎石分散

形廊架成为城市与江景公园的分
线，创造了观景的良好视野

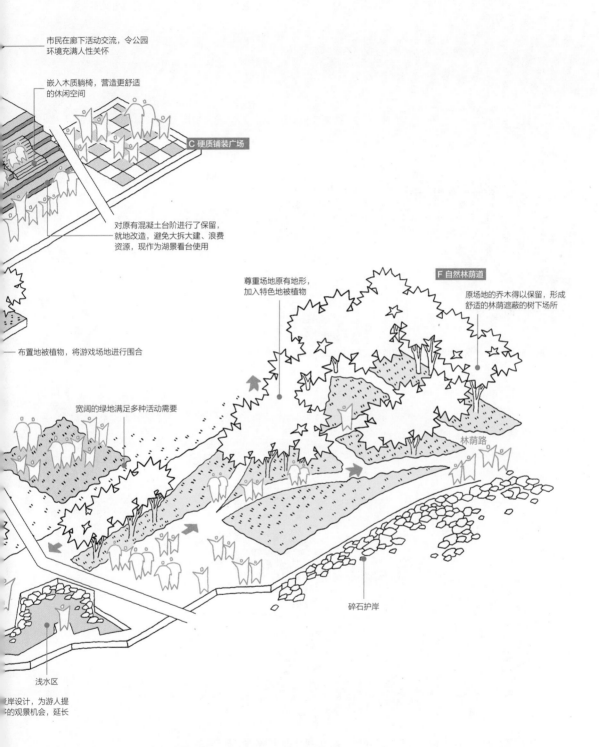

市民在廊下活动交流，令公园
环境充满人性关怀

嵌入木质躺椅，营造更舒适
的休闲空间

C 硬质铺装广场

对原有混凝土台阶进行了保留，
就地改造，避免大拆大建、浪费
资源，现作为湖景看台使用

尊重场地原有地形，
加入特色地被植物

F 自然林荫道

原场地的乔木得以保留，形成
舒适的林荫遮蔽的树下场所

布置地被植物，将游戏场地进行围合

宽阔的绿地满足多种活动需要

林荫路

碎石护岸

浅水区

岸设计，为游人提
的观景机会，延长

（2）设计过程中景观元素的整体统一性原则

在视觉色彩上，广泛应用橘色，让龙湾湿地公园成为东江水畔的一抹亮色；在空间形态上，龙形空间的贯穿以及折线形的廊架、曲折的驳岸线、灵活的景观游线，都是构成场地连续的折线元素，并将其串联成一个统一的整体。

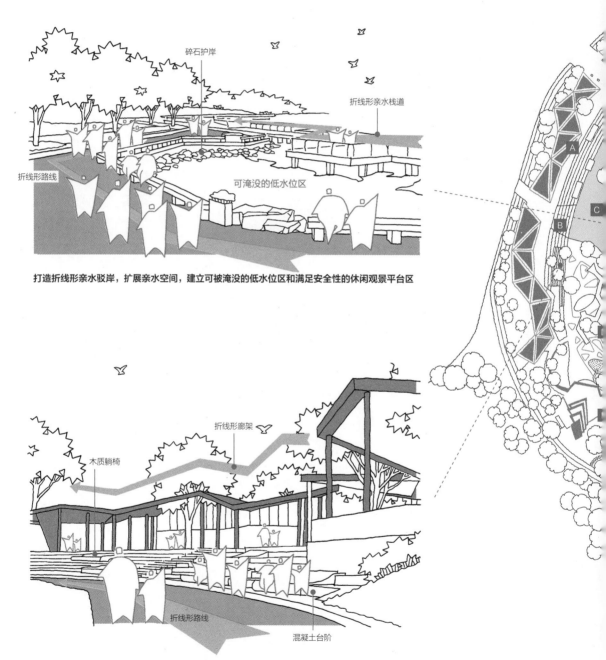

打造折线形亲水驳岸，扩展亲水空间，建立可被淹没的低水位区和满足安全性的休闲观景平台区

保留场地中心的原有混凝土台阶，增加木制躺椅，营造一个开阔放松的空间环境。折线形廊架顺应台阶走势布置，将各个功能区联系起来

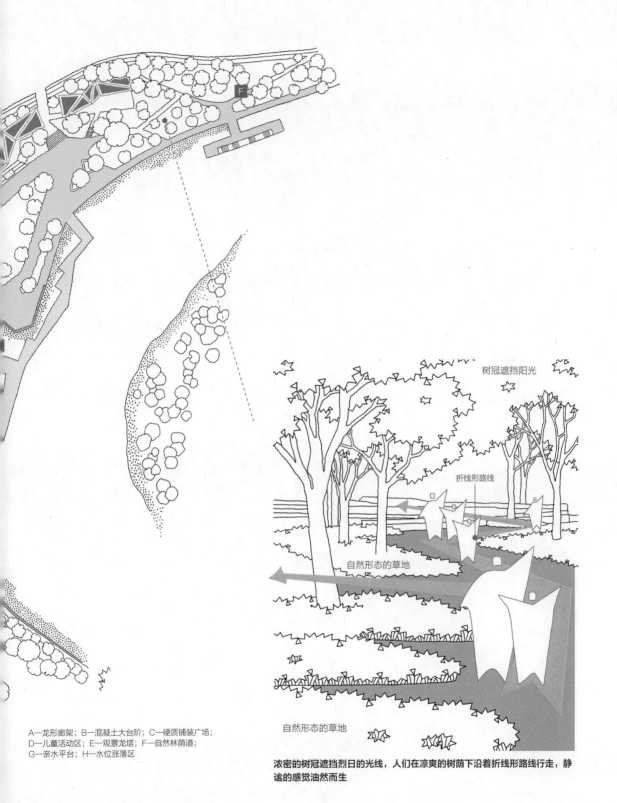

树冠遮挡阳光

折线形路线

自然形态的草地

自然形态的草地

A—龙形廊架；B—混凝土大台阶；C—硬质铺装广场；
D—儿童活动区；E—观景龙塔；F—自然林荫道；
G—亲水平台；H—水位涨落区

浓密的树冠遮挡烈日的光线，人们在凉爽的树荫下沿着折线形路线行走，静谧的感觉油然而生

第 4 章

废弃地再生景观

4.1 以最少的干预实现矿坑的生态修复与文化重塑

（1）修复式矿坑花园景观

　　选择生态修复设计的"加法和减法"原则：使用"加法"策略，通过重塑地形并添加植被建立新的生物群落。对于令人惊叹的悬崖景观，使用"减法"策略让悬崖墙在雨水和阳光等自然条件下自我修复。游客通过与深潭地形紧密结合的步道参与到环境中，获得丰富的景观体验。

项目名称及地点	上海辰山植物园矿坑花园，上海
设计单位及时间	北京清华同衡规划设计研究院有限公司朱育帆工作室，2007~2010 年
项目面积	43000m²
项目简介	辰山由于矿石开采受到大幅破坏，其中有一个巨大的矿坑留在采石场的西侧，它独特的空间形式让人震撼，但严重降级的生态环境又迫切需要景观重建。该项目在保留独特矿坑的基础上进行生态修复，强调更多可见并能接近的景观体验

深坑的生态修复手法

风化作用导致石壁悬崖遍布碎石，极易滚落到深潭之中

场地中的深坑因其巨大的体量，给人以宏大的震撼感。将石壁上的易落滚石进行清理，防止危险事件的发生

恢复场地植被

对场地进行加法处理，在石壁顶部恢复场地植被，为单调的矿坑进行绿色的补充

置入瀑布

通往矿坑隧道

在瀑布的滋养和太阳的光照之下，石壁的石质发生氧化作用，产生细小碎石，为山体的绿化养护与植被恢复提供了条件

深坑游线的设计思考

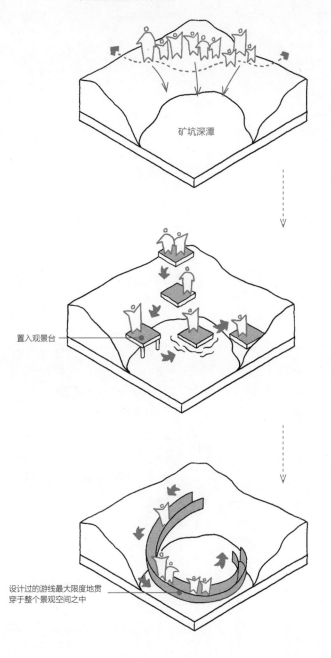

矿坑深潭

仅是在石壁顶部设置游线，游人
难以近距离地接触场地，有碍于
场地精神的传达

置入观景台

构思多个贴近矿坑石壁的观景平
台，满足游人近距离、多方位的
体验需要

设计过的游线最大限度地贯
穿于整个景观空间之中

为解决景观游线的连续性问题，
进一步将各处的平台转化为悬空
曲线形贴壁栈道

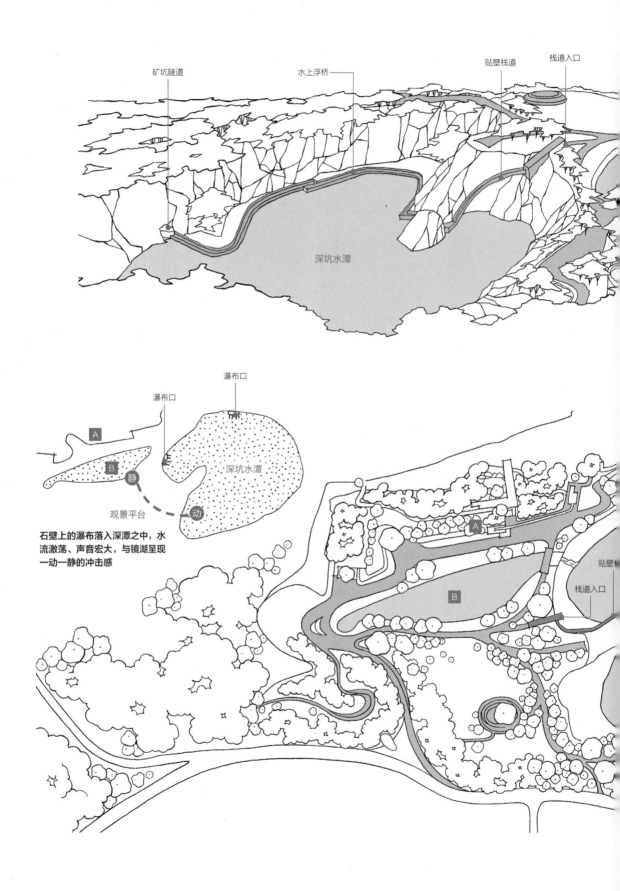

矿坑隧道

水上浮桥

贴壁栈道

栈道入口

深坑水潭

瀑布口

瀑布口

深坑水潭

A

B

静

观景平台

动

石壁上的瀑布落入深潭之中，水流激荡、声音宏大，与镜湖呈现一动一静的冲击感

A

B

贴壁栈道

栈道入口

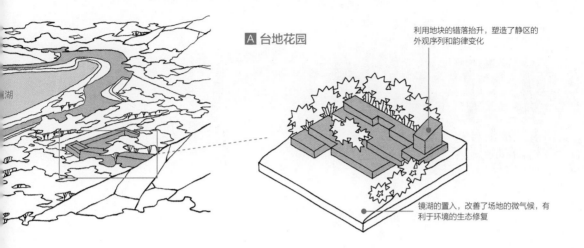

A 台地花园

利用地块的错落抬升，塑造了静区的外观序列和韵律变化

镜湖的置入，改善了场地的微气候，有利于环境的生态修复

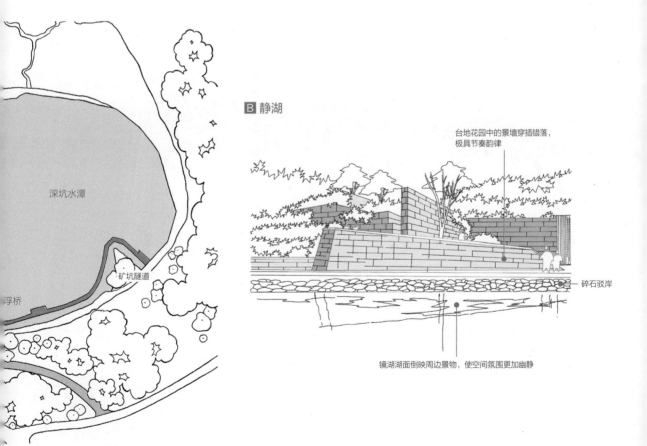

深坑水潭

矿坑隧道

浮桥

B 静湖

台地花园中的景墙穿插错落，极具节奏韵律

碎石驳岸

镜湖湖面倒映周边景物，使空间氛围更加幽静

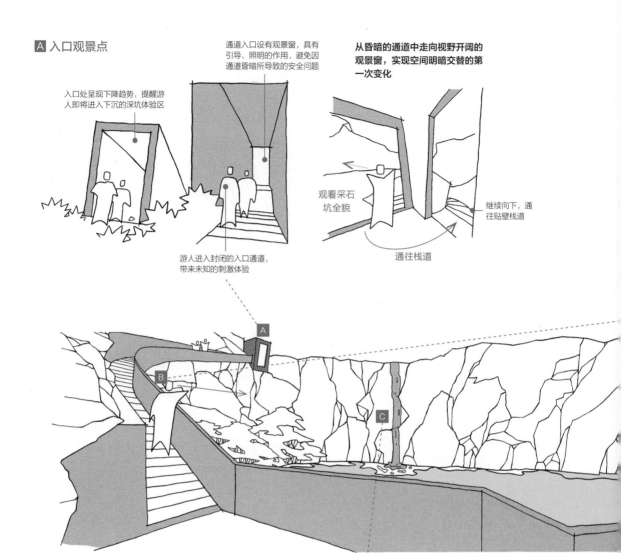

A 入口观景点

入口处呈现下降趋势，提醒游人即将进入下沉的深坑体验区

通道入口设有观景窗，具有引导、照明的作用，避免因通道昏暗所导致的安全问题

从昏暗的通道中走向视野开阔的观景窗，实现空间明暗交替的第一次变化

观看采石坑全貌

继续向下，通往贴壁栈道

通往栈道

游人进入封闭的入口通道，带来未知的刺激体验

（2）观光路线的处理方式

　　创造一条路线连接东西部矿区，首先进入浇注的入口观景点，再通过自由曲面围合的贴壁栈道，然后行走在别具匠心的浮桥上，最后进入一个黝黑的山洞，钻过山洞再见天日，不禁感叹矿坑花园的神奇。通过这条路线，游客可以从更多的角度体验采石场环境和享受戏剧性的空间。

C 瀑布

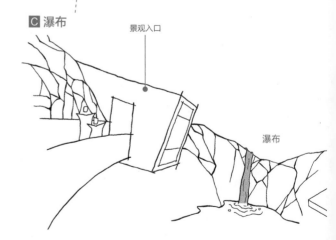

景观入口

瀑布

瀑布下落的声音在深坑空间中被放大，听觉的刺激与身处深坑底层的感知体验，共同加深着游人与场地的互动带入效果

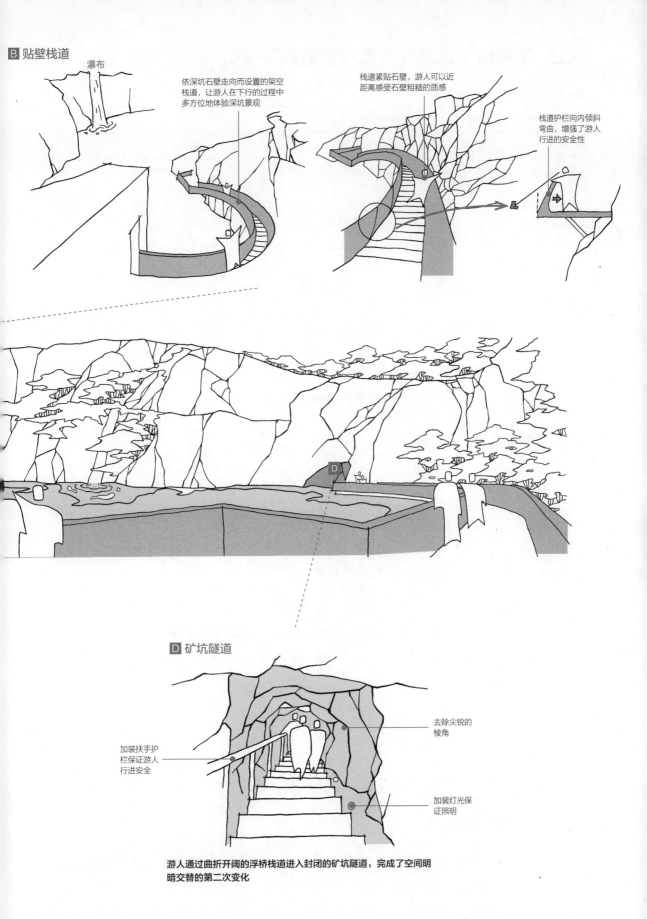

B 贴壁栈道

瀑布

依深坑石壁走向而设置的架空栈道，让游人在下行的过程中多方位地体验深坑景观

栈道紧贴石壁，游人可以近距离感受石壁粗糙的质感

栈道护栏向内倾斜弯曲，增强了游人行进的安全性

D

D 矿坑隧道

加装扶手护栏保证游人行进安全

去除尖锐的棱角

加装灯光保证照明

游人通过曲折开阔的浮桥栈道进入封闭的矿坑隧道，完成了空间明暗交替的第二次变化

4.2 独特的场地条件营造丰富的场所体验

项目名称及地点	南京汤山矿坑公园，南京市江宁区
设计单位及时间	上海张唐景观设计事务所，2019年
项目面积	400000m²
项目简介	场地原是废弃的采石场，植被和水文环境均在采矿过程中遭到破坏。设计中保留了伤痕累累的宕口，利用植被和湿地修复脆弱的生态环境，并将采石场改造为旅游休闲的活动场所

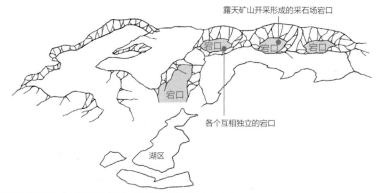

该场地原本是一个废弃的采石场，植被和水文环境因采矿遭到破坏，急需生态恢复

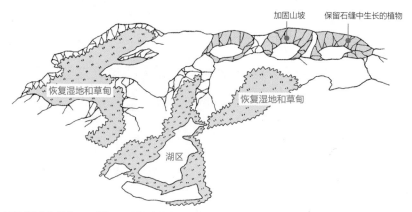

保留难以修复的宕口，以警示后人敬畏并珍视自然，再通过加固宕口山坡形成安全的游玩环境

（1）废弃地景观的修复与利用

坚持生态修复的设计原则，在保留现有植物的同时，恢复湿地和草甸。保留伤痕累累的崖壁，在充分利用原有高差与矿山资源的基础上挖掘场地潜力，在已经被破坏的环境上形成具有自然体验的休憩场所。

补植可以固土护坡的乔木和灌木，帮助场地进一步恢复生态功能

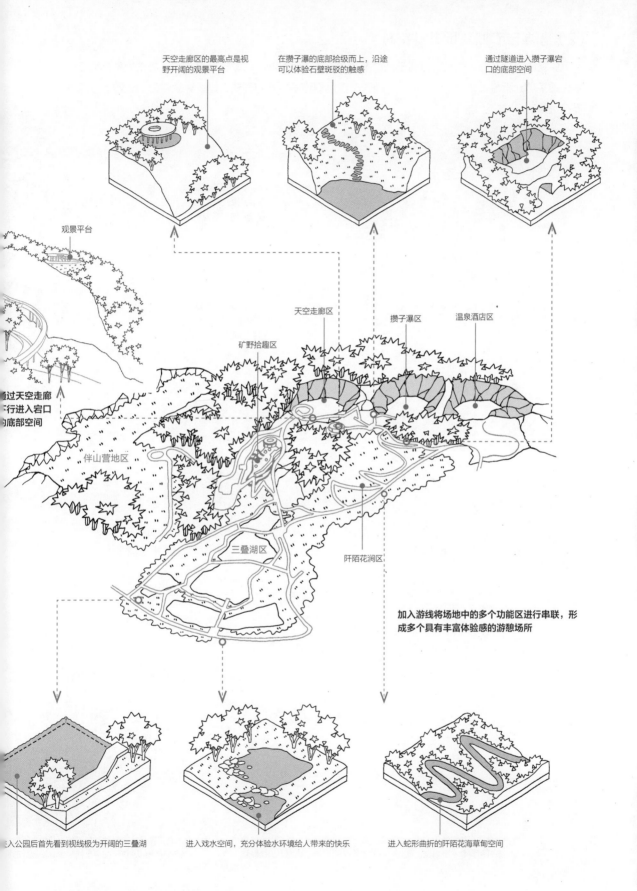

天空走廊区的最高点是视野开阔的观景平台

在攒子瀑的底部拾级而上，沿途可以体验石壁斑驳的触感

通过隧道进入攒子瀑岩口的底部空间

观景平台

通过天空走廊步行进入岩口的底部空间

天空走廊区

攒子瀑区

温泉酒店区

矿野拾趣区

伴山营地区

阡陌花涧区

三叠湖区

加入游线将场地中的多个功能区进行串联，形成多个具有丰富体验感的游憩场所

入公园后首先看到视线极为开阔的三叠湖

进入戏水空间，充分体验水环境给人带来的快乐

进入蛇形曲折的阡陌花海草甸空间

（2）借助下沉地形创造趣味空间

原场地中相互独立的宕口有利于打造不同功能的下沉空间，如矿野拾趣乐园就是将抽象化和艺术化的采矿元素与场地结合后形成的，而天空走廊则是采用不同形式的栈道环绕宕口，让游人近距离接触采石场陡峭的岩壁。

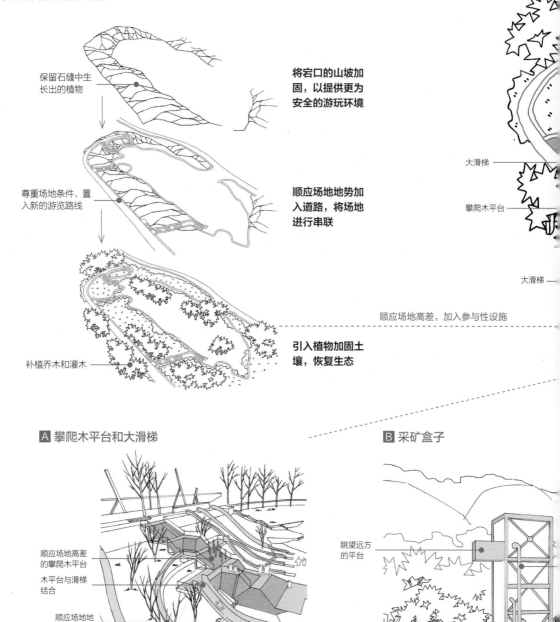

保留石缝中生长出的植物

将宕口的山坡加固，以提供更为安全的游玩环境

尊重场地条件，置入新的游览路线

顺应场地地势加入道路，将场地进行串联

补植乔木和灌木

引入植物加固土壤，恢复生态

大滑梯

攀爬木平台

大滑梯

顺应场地高差，加入参与性设施

A 攀爬木平台和大滑梯

顺应场地高差的攀爬木平台

木平台与滑梯结合

顺应场地地势的大滑梯

提供多种向高处行进的方式，既可以沿着台阶拾级而上，也可以拉着接力绳索或者踩着木桩攀爬。此外，多种大滑梯的设计让场地更具趣味性

B 采矿盒子

眺望远方的平台

融入多种采矿元素的游乐设施，儿童在不断攀爬过程中可以通过不同高度的平台眺望远处的风

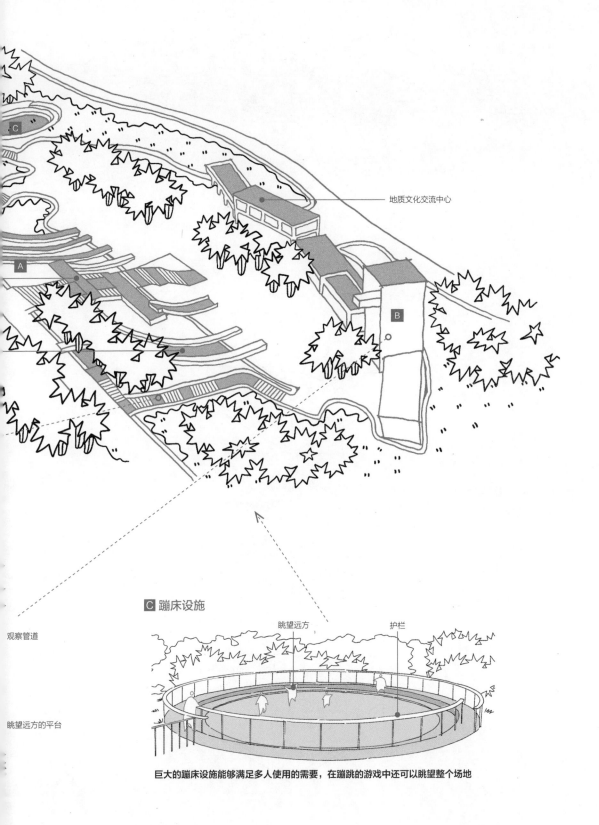

地质文化交流中心

观察管道

眺望远方的平台

C 蹦床设施

眺望远方   护栏

巨大的蹦床设施能够满足多人使用的需要，在蹦跳的游戏中还可以眺望整个场地

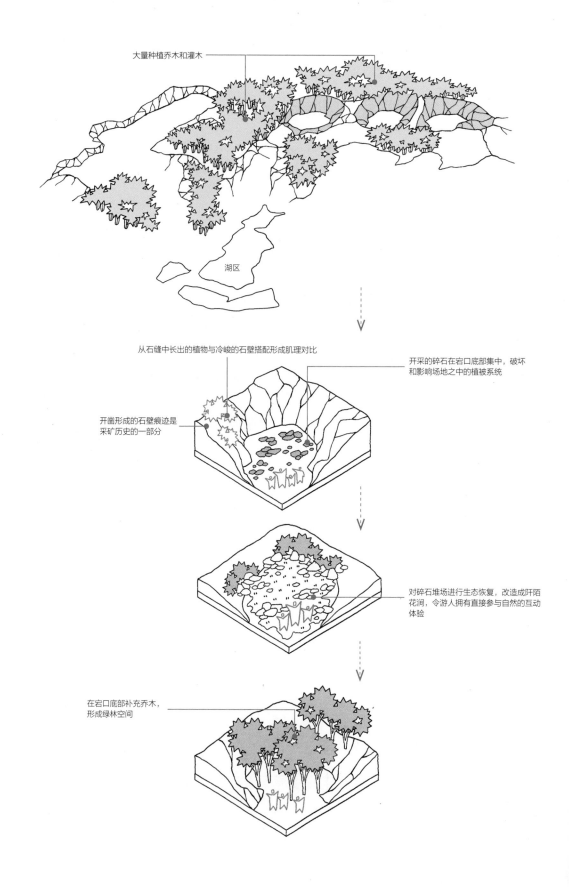

大量种植乔木和灌木

湖区

从石缝中长出的植物与冷峻的石壁搭配形成肌理对比

开采的碎石在宕口底部集中，破坏和影响场地之中的植被系统

开凿形成的石壁痕迹是采矿历史的一部分

对碎石堆场进行生态恢复，改造成阡陌花涧，令游人拥有直接参与自然的互动体验

在宕口底部补充乔木，形成绿林空间

矿坑栈道的设计

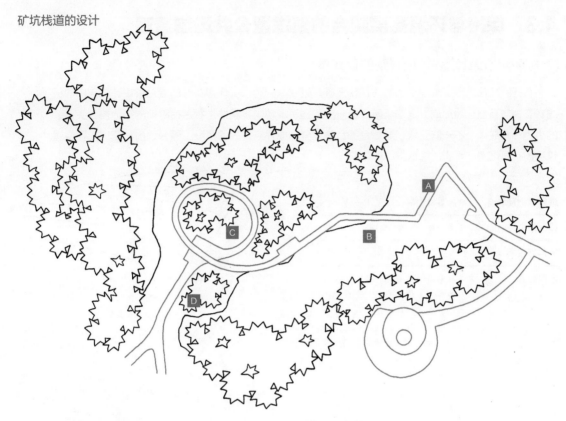

Ⓐ 折线栈道

为应对高差变化较大的地形，加入折线栈道来减缓坡度。既保证步行的安全，又延长了游览路线

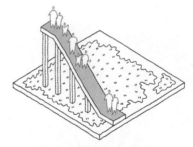

Ⓑ 下落栈道

下落的栈道形成极具动势的步行体验

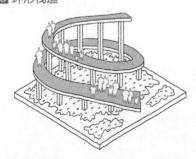

Ⓒ 环形栈道

栈道环绕矿坑底部，游人在行进过程中能够感受周围陡峭的石壁

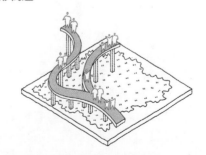

Ⓓ 曲形栈道

蜿蜒的栈道连接旷野拾趣乐园和天空走廊

4.3 保持与环境高度契合的聚拢型公共场域景观

（1）多样化设计增强场地景观的仪式感

　　石壁的存在决定了整个剧场的性格和气氛，是空间的起点。环抱石壁的看台被设计成自由的折线状态，与石壁一起形成聚拢的场所，进一步加强了场地的景观性。看台台阶前的绿地被石头铺装的小径分割成大小不一的区块，与看台的台阶划分形成呼应；人们在登上看台之前，至少需要绕建筑半周，强化了场所的仪式感。

项目名称及地点	威海石窝剧场，山东省威海市
设计单位及时间	三文建筑/何崴工作室，2019年
项目面积	1500m²
项目简介	石窝剧场的前身是一座小型废弃采石坑，形状如同自然弯曲的手掌，曾经采石的痕迹又经历了岁月的侵蚀。如何将这样的采石场变为造福一方百姓的有益场所是本案着重思考的问题。改造后的场地中，人工构筑物与自然融为一体，形成了一种独特的自然人文景观

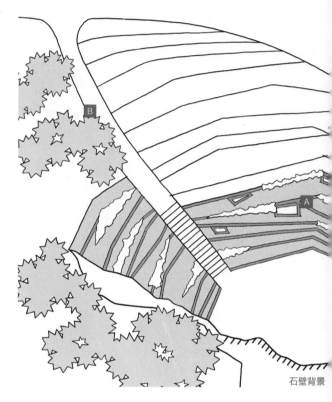

石壁背景

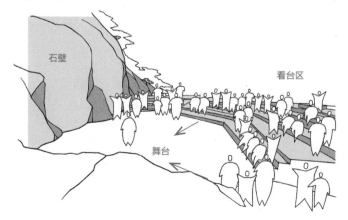

E 石壁舞台

石壁　　看台区　　舞台

具有自然肌理的石壁被保留为剧场舞台的背景，环抱抬升的折线阶梯看台与舞台共同组成聚拢的村中集会地

D 出口

剧场

曲折延伸的出口路线，不仅

A 折线梯级看台

看台下方设置成休息室，为了满足休息室的采光效果，在其上方开设玻璃采光窗，使建筑更加节能环保

采光井

光井

出口

流线

折线梯级看台

入口

舞台

视线

石壁舞台背景

依次抬升的折线梯级看台

D

保留原有植被

B 入口

休息室

入口通道

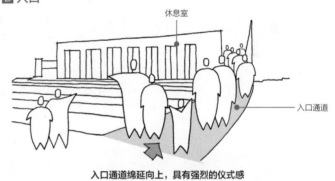

入口通道绵延向上，具有强烈的仪式感

C 草坪观景区

休闲聚集区

的空间，而且也兼具疏散人群的功能

开敞的绿地空间为村民提供了聚集交谈的休闲场地

休息室

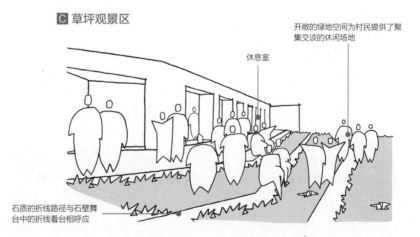

石质的折线路径与石壁舞台中的折线看台相呼应

119

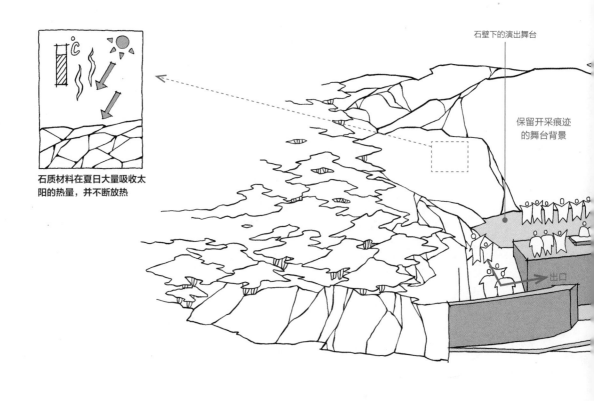

石壁下的演出舞台

保留开采痕迹
的舞台背景

出口

石质材料在夏日大量吸收太
阳的热量，并不断放热

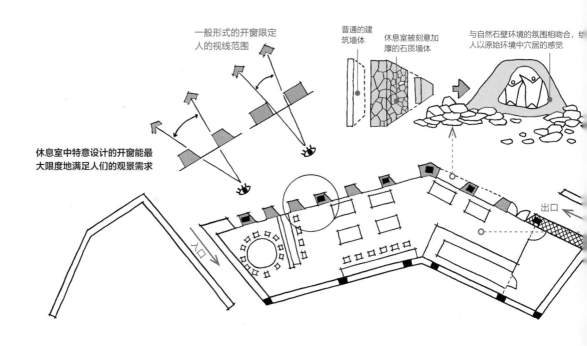

一般形式的开窗限定
人的视线范围

普通的建
筑墙体

休息室被刻意加
厚的石质墙体

与自然石壁环境的氛围相吻合，给
人以原始环境中穴居的感觉

出口

休息室中特意设计的开窗能最
大限度地满足人们的观景需求

入口

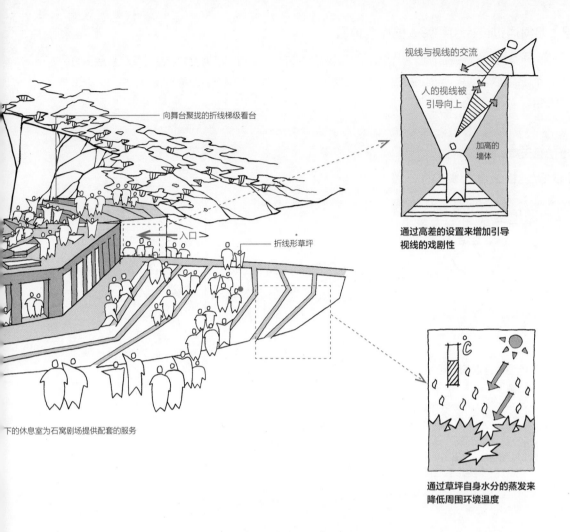

向舞台聚拢的折线梯级看台

视线与视线的交流

人的视线被引导向上

加高的墙体

入口

折线形草坪

通过高差的设置来增加引导视线的戏剧性

下的休息室为石窝剧场提供配套的服务

通过草坪自身水分的蒸发来降低周围环境温度

从休息室顶部采光井射入的自然光线基本满足了室内的日常照明需要

落地观景窗使室内与室外形成频繁的视线互动

（2）如何通过设计引导游人的综合体验

依山而建的石窝以采石断面为背景，以平地部分为舞台，以缓坡段为阶梯看台，又在看台下面增加一个新的建筑体量，为剧场提供后勤和公共配套服务。建筑两侧设有台阶和坡道，供人们进出舞台使用。

半围合露天舞台的思路形成

❶ 依托地势特征，构思剧场环境

现场中有大量植被覆盖，有效地平衡了山石的粗犷风格

不仅采石坑是村落记忆的见证者，石壁粗糙的自然肌理本身也是讲述地域变化的诉说者

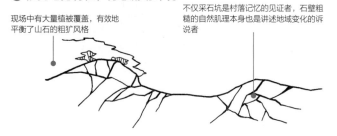

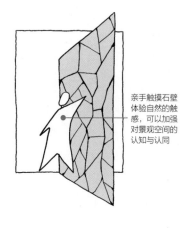

亲手触摸石壁体验自然的触感，可以加强对景观空间的认知与认同

❷ 选择与场地相匹配的剧场组织形式

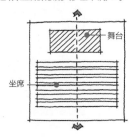

舞台

坐席

传统的剧场设计等级感十分强烈而且中轴线十分明确，难以达成一种自由互动的休闲体验

❸ 呼应舞台背景，确定折线形看台

舞台

折线梯级看台

不规则的舞台适应了场地现状，更强调了一种自由平衡

露天剧场鼓励村民参与表演之中的游戏互动

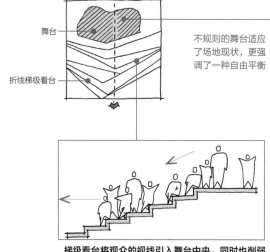

梯级看台将观众的视线引入舞台中央，同时也削弱了舞台与看台的界限。在日常生活中，舞台亦是村民前来闲话家常的聚集空间

4 形成独一无二的剧场背景

因矿石开采而形成的弧形石壁

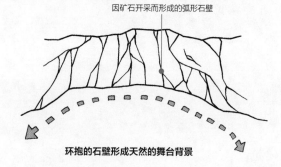

环抱的石壁形成天然的舞台背景

5 满足合理的声学效果

弧形的石壁背景具有良好的声学
效果，成为天然的扩音器

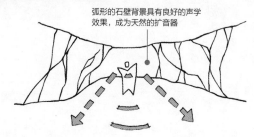

6 生成折线形的互动剧场

石壁

舞台

折线梯级看台

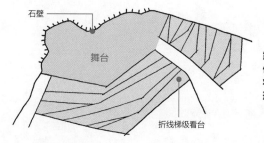

露天剧场由依托石壁向下走势而延
伸出的舞台和折线梯级看台构成，
将人工景观与自然环境相互融合，
形成一种独特的自然人文景观

7 构成稳定的景观空间

石壁向上的动势

视线的汇聚

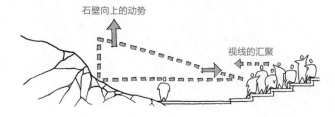

8 呈现向内聚集的舞台效果

视线的汇聚

舞台

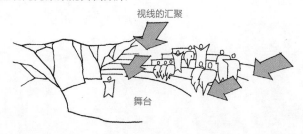

第 **5** 章

儿童及校园景观

5.1 以水元素为主题的儿童感官乐园

（1）对儿童戏水景观中水的多样化设计的解读

水在自然中的各种形态——云、雨、雾，凝结成的冰、雪，以及汇集而成的溪流、河道等知识都被巧妙地结合在活动场地和节点互动装置设计中。水从哪来？云怎样会下雨？水怎样汇集成河流？关于自然界中的"水"的问题都会在玩耍中得到答案。

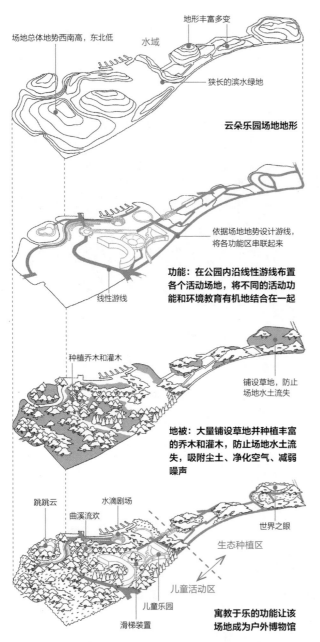

场地总体地势西南高，东北低
水域
地形丰富多变
狭长的滨水绿地

云朵乐园场地地形

依据场地地势设计游线，将各功能区串联起来

线性游线

功能：在公园内沿线性游线布置各个活动场地，将不同的活动功能和环境教育有机地结合在一起

种植乔木和灌木
铺设草地，防止场地水土流失

地被：大量铺设草地并种植丰富的乔木和灌木，防止场地水土流失，吸附尘土、净化空气、减弱噪声

跳跳云
水滴剧场
曲溪流欢
世界之眼
生态种植区
儿童活动区
儿童乐园
滑梯装置

寓教于乐的功能让该场地成为户外博物馆

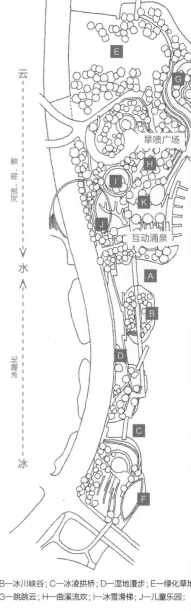

云
河流、雨、雪
水
冰融化
冰

旱喷广场
互动涌泉

A—巨浪飞渡；B—冰川峡谷；C—冰凌拱桥；D—湿地漫步；E—绿化草地；F—世界之眼；G—跳跳云；H—曲溪流欢；I—冰雪滑梯；J—儿童乐园；K—水滴剧场

项目名称及地点	云朵乐园，成都麓湖生态城
设计单位及时间	上海张唐景观设计事务所，2016 年
项目面积	25000m²
项目简介	云朵乐园位于道路与湖泊之间，整体造型狭长，具有湖岸线、码头、应急消防通道等诸多限制条件。场地结合儿童活动功能和水环境教育功能，成为一个乐学乐教的公园

A 巨浪飞渡

丰富种植的自然环境

仿木纹铝板

水面

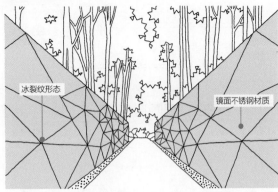

方木纹铝板饰面的材质能更好地融入自然环境，流动曲线的造型韵律十足，从桥上走过好似在浪花中穿行

B 冰川峡谷

冰裂纹形态

镜面不锈钢材质

冰川峡谷以"冰"为概念，当行人走过，墙体会发出冰融化滴水的声音，多角度的镜面上也会反射出四周的景物

C 冰凌拱桥

不锈钢饰面

水面

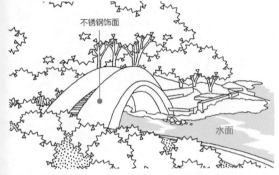

不锈钢材质冰凌拱桥，桥下有水潺潺而过，象征冰川融化汇聚成河流，站在桥上可以远望湖景。在夜晚，桥体内的灯光能伴随行人的移动而变化

D 湿地漫步

可以进入的湿地花园，水面与浮桥齐平，浅水鼓励儿童近距离观察各种水生动植物，场地提供了良好的自然教育机会

E 绿化草地

在阴凉下休息

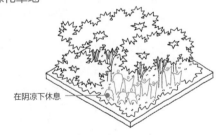

F 世界之眼

浅水

蹦跳踩水

方格汀步摆放成世界地图的样子

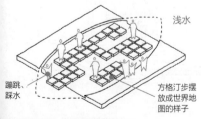

当水淹过地图，你会知道世界上百分之七十都是水

湿地漫步
（水的生命）

踩水

汀步

水生植物

水边碎石增加亲水空间

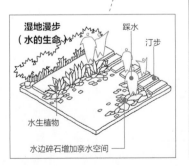

临水处视线通透，能够观察儿童活动

近距离观察水生动植物

下雨时，水流通过地表径流，不断流向湖中

水蒸发

天然的教育课堂

干旱时，水流通过地下径流涵养公园

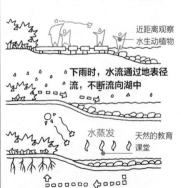

127

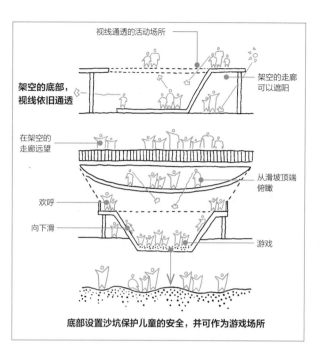

架空的底部，视线依旧通透

视线通透的活动场所

架空的走廊可以遮阳

在架空的走廊远望

从滑坡顶端俯瞰

欢呼

向下滑

游戏

底部设置沙坑保护儿童的安全，并可作为游戏场所

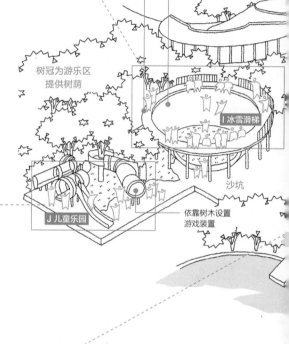

水磨石滑坡

环形架空走廊

树冠为游乐区提供树荫

I 冰雪滑梯

沙坑

依靠树木设置游戏装置

J 儿童乐园

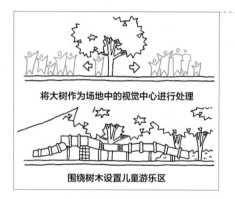

将大树作为场地中的视觉中心进行处理

围绕树木设置儿童游乐区

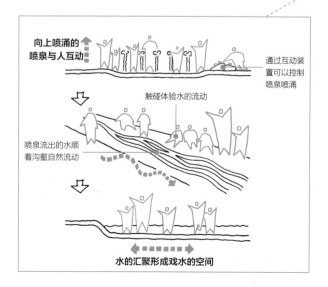

向上喷涌的喷泉与人互动

通过互动装置可以控制喷泉喷涌

触碰体验水的流动

喷泉流出的水顺着沟壑自然流动

水的汇聚形成戏水的空间

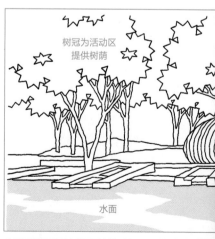

树冠为活动区提供树荫

水面

水滴剧场是面向湖面的休憩场所，也是具有雕塑
着湖面静思

（2）创造儿童活动场所中的多重感官体验

在与地形相结合的活动乐园设计中巧妙地结合水的各种形态及汇聚形式，鼓励儿童进行各种运动，儿童可以在这一系列的互动节点中感受"水"带来的多种感官体验，比如在旱喷广场体验通过设备控水的乐趣，在跳跳云中体验腾云架空的乐趣等。

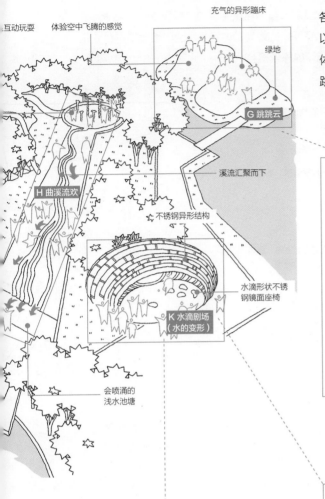

互动玩耍
体验空中飞腾的感觉
充气的异形蹦床
绿地
G 跳跳云
溪流汇聚而下
H 曲溪流欢
不锈钢异形结构
水滴形状不锈钢镜面座椅
K 水滴剧场（水的变形）
会喷涌的浅水池塘

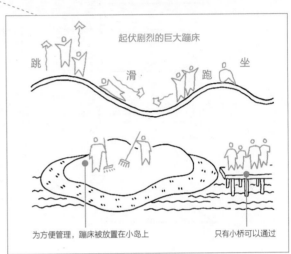

起伏剧烈的巨大蹦床

跳　滑　跑　坐

为方便管理，蹦床被放置在小岛上　　只有小桥可以通过

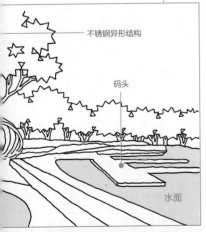

不锈钢异形结构
码头
水面

构筑物，人们可以坐在水滴形状的坐凳上望

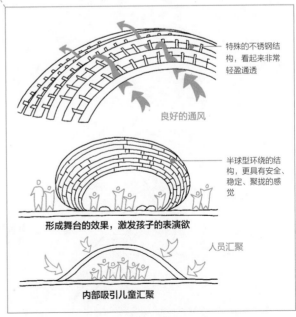

特殊的不锈钢结构，看起来非常轻盈通透

良好的通风

半球型环绕的结构，更具有安全、稳定、聚拢的感觉

形成舞台的效果，激发孩子的表演欲

人员汇聚

内部吸引儿童汇聚

5.2 用折叠高差的方式回归空间创造亲子乐园

（1）以折叠设施的处理手法增强儿童的游戏乐趣

　　像折纸一样将空间进行折叠，拥有丰富高差的地貌能够鼓励儿童用手和脚感受空间，帮助其进一步发展空间感知能力。另外，还打造了多变的活动空间，比如地形的穿插结合，坡度的连续变化等，让活动不会受到功能或程序的束缚，给予儿童无限的探索机会。

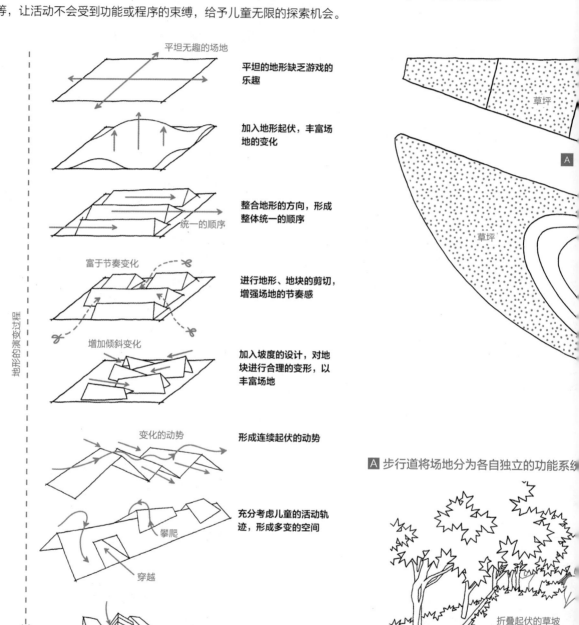

地形的演变过程

平坦无趣的场地

平坦的地形缺乏游戏的乐趣

加入地形起伏，丰富场地的变化

统一的顺序

整合地形的方向，形成整体统一的顺序

富于节奏变化

进行地形、地块的剪切，增强场地的节奏感

增加倾斜变化

加入坡度的设计，对地块进行合理的变形，以丰富场地

变化的动势

形成连续起伏的动势

攀爬

穿越

充分考虑儿童的活动轨迹，形成多变的空间

通道

在折叠空间中加入网格通道

草坪

草坪

A 步行道将场地分为各自独立的功能系统

折叠起伏的草坡

一条平坦的快行道穿过游乐场，快行道两边是

项目名称及地点	折叠乐园，江苏常州
设计单位及时间	大小景观，2019年
项目面积	2000m²
项目背景	该项目在社区有限的空间中创造了一座亲子游乐场。设计中统一的折线元素形成了完整丰富的亲子乐园，并通过地形调动儿童的各种感知体验

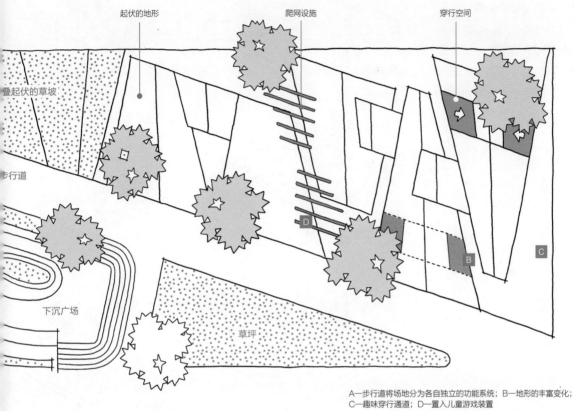

起伏的地形　　　爬网设施　　　穿行空间

叠起伏的草坡

步行道

下沉广场　　　草坪

A—步行道将场地分为各自独立的功能系统；B—地形的丰富变化；
C—趣味穿行通道；D—置入儿童游戏装置

鲜艳的挡土墙

硬质铺装地面

快行道

伏的活动空间，打造出互不干扰的功能系统

B 地形的丰富变化

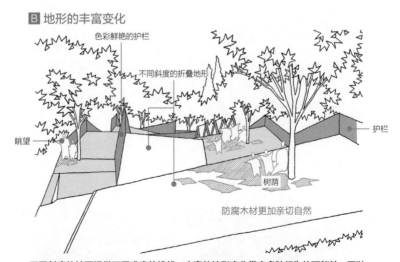

色彩鲜艳的护栏

不同斜度的折叠地形

眺望

护栏

树荫

防腐木材更加亲切自然

不同斜度的坡面提供不同难度的挑战，丰富的地形变化带来多种行为的可能性，可以站在高处眺望，在树荫下休息，顺着坡滑下或坐在坡顶上休息等

（2）折叠游戏设施创造
多种活动功能

　　折叠起伏的游乐场在满足儿童攀爬、躺、坐、滑等身体运动需要的同时，也提供了休息的机会。起伏地形与多种材质的结合丰富了游戏空间，鼓励儿童产生更多行为，活动空间还增加落叶乔木打造绿色舒适的生态环境。

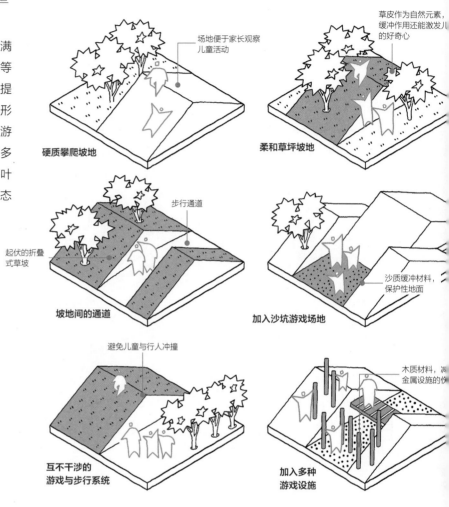

丰富的游戏行为调动孩子们的感知系统

丰富的视觉感受

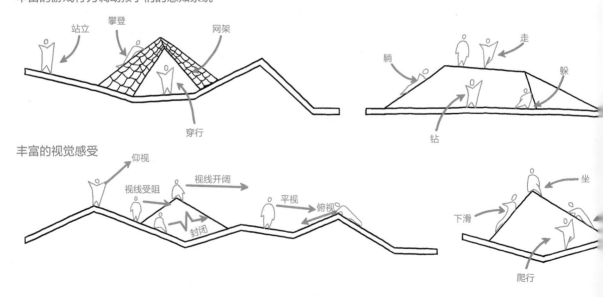

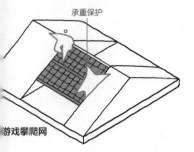

钻洞、躲藏，在游戏
中发展社交能力

三角形结构
更具稳定性

穿洞冒险

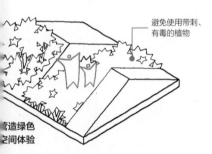

承重保护

游戏攀爬网

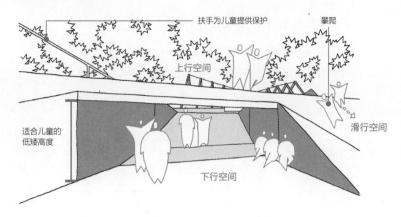

避免使用带刺、
有毒的植物

营造绿色
空间体验

C 趣味穿行通道

扶手为儿童提供保护

攀爬

上行空间

适合儿童的
低矮高度

滑行空间

下行空间

D 置入儿童游戏装置

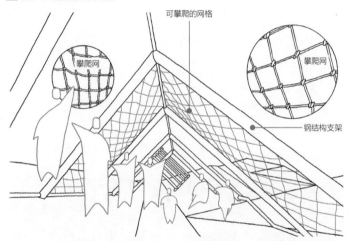

可攀爬的网格

攀爬网

攀爬网

钢结构支架

在下凹的地形处放置向上拱起的钢结构支架，再配备攀爬网，让孩子们既可以穿梭也可以攀爬

丰富的游乐体验

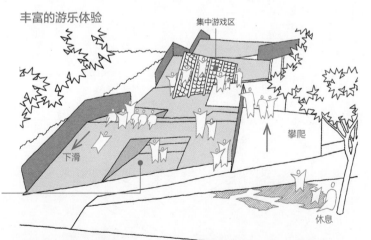

集中游戏区

攀爬

下滑

可以低腰穿行
而过的桥洞

休息

整个活动场地以折叠起伏的设计手法将空间进行细化与丰富，通过布局动静游戏区，在有限的空间中实现无限的游戏体验

5.3 运用漂浮屋顶构建趣味儿童游乐园

（1）在拥挤狭窄的空间中重塑功能性场所

该设计通过独特的功能布局方式巧妙地化解了空间不足这一不利因素，在解决学校基本功能的基础上植入一个新的空间维度。二层平台成为孩子们室外运动、课余互动玩耍的主要场所，漂浮的屋顶下方则是日常教育教学空间。

项目名称及地点	乐成四合院幼儿园，北京
设计单位及时间	MAD 建筑事务所，2019 年
项目面积	10778m²
项目简介	场地中有一个极富历史文化价值的四合院，需要在保护古建的基础上，在有限的空间内改造出供儿童户外运动和活动的平台，还需要解决由于建筑间隙导致的光线不足的问题。建成后的幼儿园是古代文化与现代文化的结合，也为儿童创造了一个自由欢乐的世界

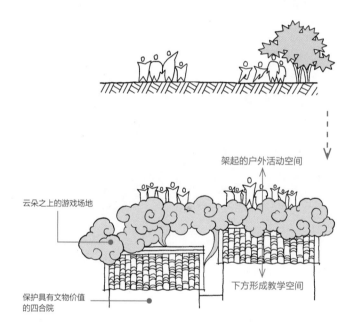

希望儿童能拥有奔跑自由的探索体验，但是原场地无法满足教学与活动的双重要求，活动空间十分局促

云朵之上的游戏场地

架起的户外活动空间

下方形成教学空间

保护具有文物价值的四合院

引入了分层的构思，并将其命名为"云端之上的游戏童年"。即在原有建筑之上，进行架空的设计，将下方规划为教学空间，上方作为活动空间

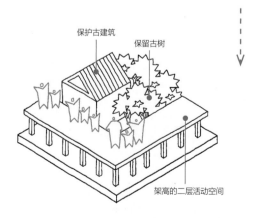

保护古建筑

保留古树

架高的二层活动空间

引入了架空的设计，增加了建筑的使用空间，同时形成了顶部儿童活动乐园

案例的推敲与生成

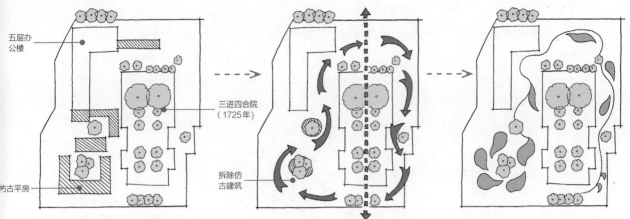

五层办
公楼

三进四合院
（1725年）

仿古平房

拆除仿
古建筑

原场地用地紧张，无法满足幼儿园的功能需要。保留三进四合院与西北侧的五层办公楼，拆除场地当中的仿古建筑，并对场地当中的古树进行保留

在幼儿园的二层活动平面中，以自由的流线形式打破四合院中轴式的布局模式，将活动场地架高，下面形成中庭空间，以保留原址当中的树木

二层的活动空间以"生命的成长轨迹"为思路，形成了起伏变化、自由和谐的场地语言

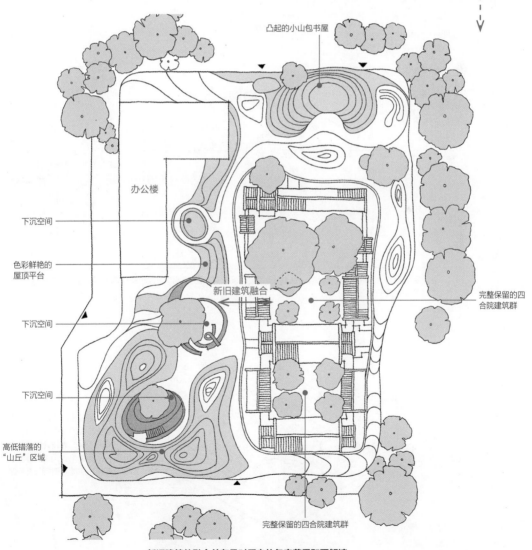

凸起的小山包书屋

办公楼

下沉空间

色彩鲜艳的
屋顶平台

下沉空间

新旧建筑融合

完整保留的四
合院建筑群

下沉空间

高低错落的
"山丘"区域

完整保留的四合院建筑群

新旧建筑的融合并存是对历史的包容尊重和再解读

135

（2）室内外流动的空间与通透的视线

　　流动的空间布局提供了一种自由、共融的空间氛围，形成相互渗透、充满乐趣的学习环境。大量玻璃的使用使原本拥挤的室内空间在视觉上延伸扩大，也引入了更多的阳光射入，将四合院与室内的游戏与教学环境进行结合。流动的平面布局结合灵活多样的家具布置，使教学与交流空间不再传统刻板，符合未来教育的发展趋势。

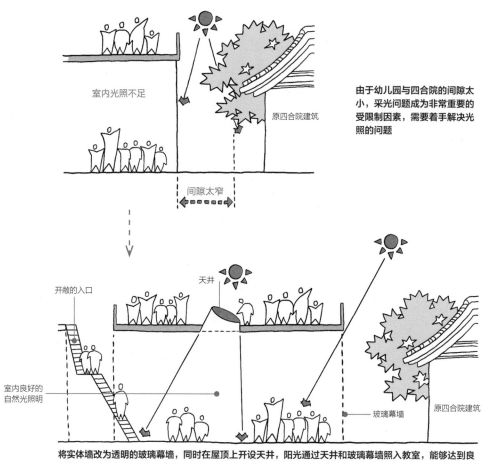

室内光照不足

原四合院建筑

间隙太窄

由于幼儿园与四合院的间隙太小，采光问题成为非常重要的受限制因素，需要着手解决光照的问题

开敞的入口

天井

室内良好的自然光照明

玻璃幕墙

原四合院建筑

将实体墙改为透明的玻璃幕墙，同时在屋顶上开设天井，阳光通过天井和玻璃幕墙照入教室，能够达到良好的采光照明效果

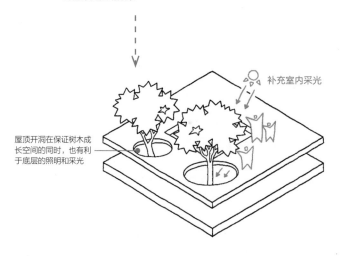

补充室内采光

屋顶开洞在保证树木成长空间的同时，也有利于底层的照明和采光

充分考虑室内采光问题，由于顶层的架空布局且四合院的间隙太小，采光问题成为设计中的限制因素。将乔木生长洞进一步扩大成下沉采光空间，有利于光照的进入

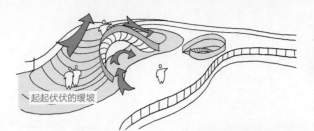

"漂浮的屋顶"上有着高高低低的缓坡,以低矮平缓的姿态展开,环绕着四合院

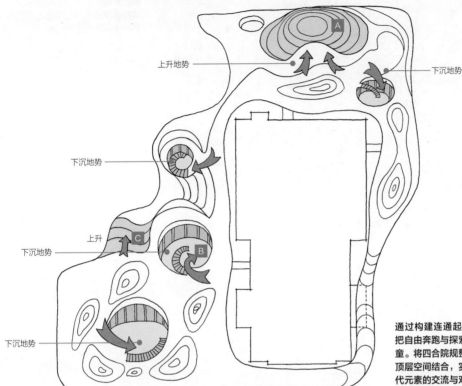

起起伏伏的缓坡

上升地势

下沉地势

下沉地势

上升

下沉地势

下沉地势

通过构建连通起伏的"漂浮屋顶",把自由奔跑与探索未知的快乐还给儿童。将四合院规整的秩序感与流动的顶层空间结合,实现了传统建筑与现代元素的交流与对话,体现出设计对于儿童成长体验的思考与探索

B 弧形楼梯

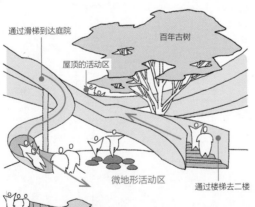

通过滑梯到达庭院

百年古树

屋顶的活动区

微地形活动区

通过楼梯去二楼

围绕着原址中的百年古树,设计了与四合院院落空间呼应的庭院,为教学空间提供了户外的延展和采光通风。用弧形楼梯将二层户外活动平台和庭院连接,儿童可以通过楼梯去往平台,再由旋转滑梯回到庭院,庭院中还设有微地形,既丰富了场地景观又能吸引儿童与场地互动

C 上下连通的游戏空间

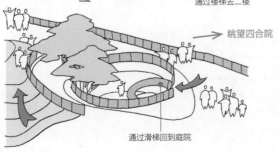

眺望四合院

通过滑梯回到庭院

在这个红黄相间、漂浮在屋顶的操场上,儿童既可以尽情奔跑、跳跃、翻滚,也能够平视周围灰色屋顶的四合院

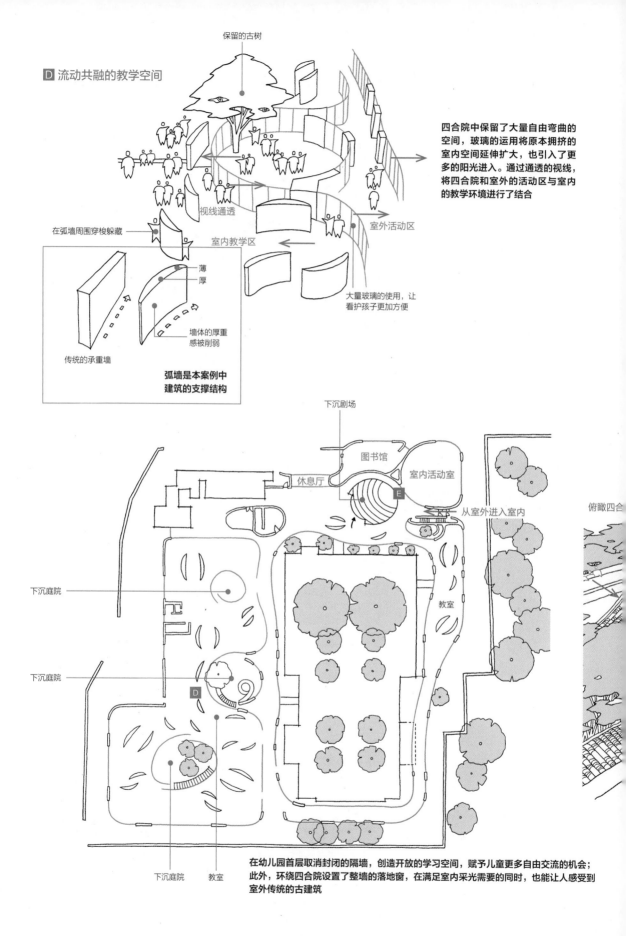

D 流动共融的教学空间

保留的古树

四合院中保留了大量自由弯曲的空间，玻璃的运用将原本拥挤的室内空间延伸扩大，也引入了更多的阳光进入。通过通透的视线，将四合院和室外的活动区与室内的教学环境进行了结合

视线通透

室外活动区

在弧墙周围穿梭躲藏

室内教学区

薄
厚

大量玻璃的使用，让看护孩子更加方便

墙体的厚重感被削弱

传统的承重墙

弧墙是本案例中建筑的支撑结构

下沉剧场

图书馆

休息厅

室内活动室

E

从室外进入室内

俯瞰四合

下沉庭院

教室

下沉庭院

D

下沉庭院

教室

在幼儿园首层取消封闭的隔墙，创造开放的学习空间，赋予儿童更多自由交流的机会；此外，环绕四合院设置了整墙的落地窗，在满足室内采光需要的同时，也能让人感受到室外传统的古建筑

E 剧场舞台

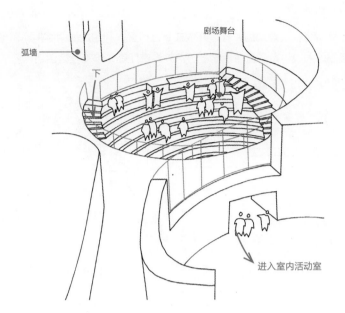

弧墙

下

剧场舞台

屋顶下方是开放布局的教学空间、剧场、室内活动室等，比如左侧的室内剧场既能连通室外环境，又可以直接到达室内活动室

进入室内活动室

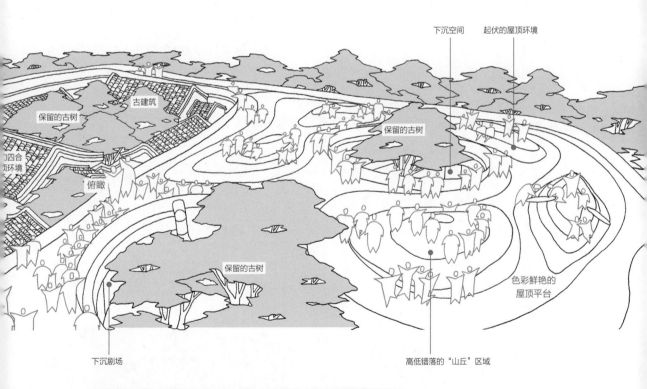

下沉空间

起伏的屋顶环境

古建筑

保留的古树

保留的古树

四合顶环境

俯瞰

保留的古树

色彩鲜艳的屋顶平台

下沉剧场

高低错落的"山丘"区域

新场地与旧建筑之间的互动与对话，加深人们对历史文化的近距离感受与认知

139

5.4 以圆环活动圈为核心的新型社区环境

（1）结合场地条件合理安排活动区域

根据场地现有的实际情况，因地制宜，合理规划，打造开放式步行街区。利用地面图案指示前进方向，设置多种城市共享交流空间，如展示区入口、亲子儿童活动圈、户外会客厅等，丰富社区活动内容。

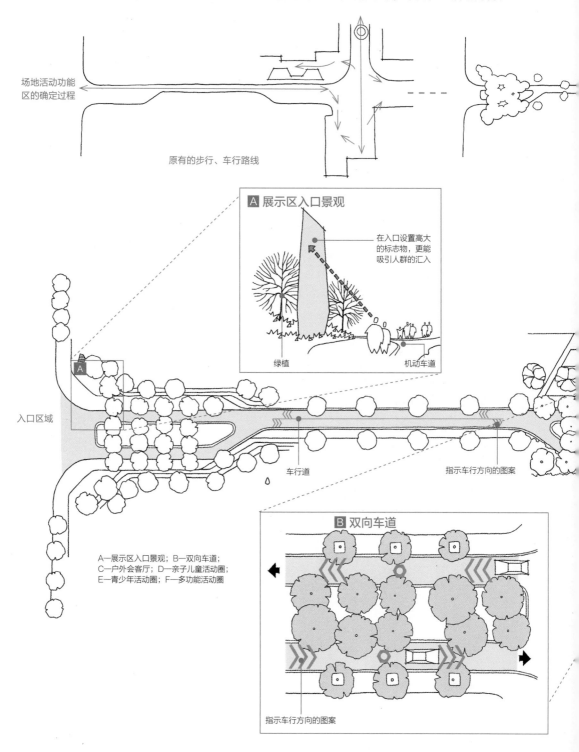

场地活动功能区的确定过程

原有的步行、车行路线

A 展示区入口景观

在入口设置高大的标志物，更能吸引人群的汇入

绿植

机动车道

A

入口区域

车行道

指示车行方向的图案

A—展示区入口景观；B—双向车道；
C—户外会客厅；D—亲子儿童活动圈；
E—青少年活动圈；F—多功能活动圈

B 双向车道

指示车行方向的图案

项目名称及地点	宁波万科海上都会儿童活动区，浙江省宁波市
设计单位及时间	创浦景观设计（上海）有限公司，2020年
项目面积	16650m²
项目简介	该项目依托万科社区开发理念，探索社区与城市边界的关系处理问题，利用串联社区与道路的方式探索未来的社区开发模式，使其成为能供更多人参与的共享交流城市社区

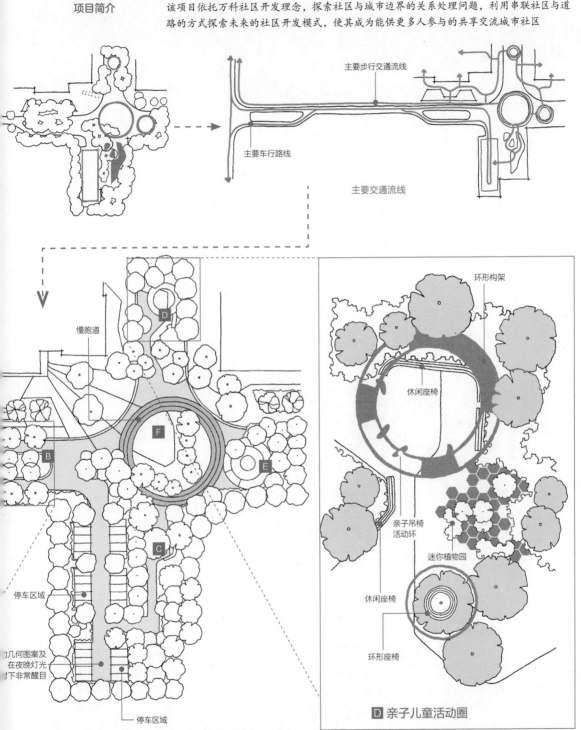

主要步行交通流线

主要车行路线

主要交通流线

慢跑道

D

F

B

E

C

停车区域

几何图案及
在夜晚灯光
下非常醒目

停车区域

环形构架

休闲座椅

亲子吊椅
活动环

迷你植物园

休闲座椅

环形座椅

D 亲子儿童活动圈

C 户外会客厅的局部平面图

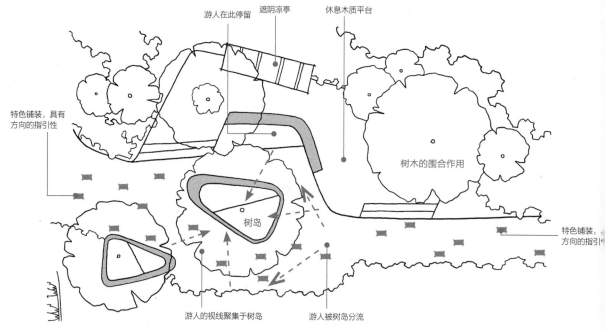

游人在此停留
遮阴凉亭
休息木质平台

特色铺装，具有方向的指引性

树木的围合作用

树岛

特色铺装，方向的指引

游人的视线聚集于树岛

游人被树岛分流

障景是园林中用来阻挡视线、促使视线转移方向的屏障物。通过设置树岛，使得游客的视线可以间歇地从一个空间穿透到另一个空间

C 户外会客厅的功能分析

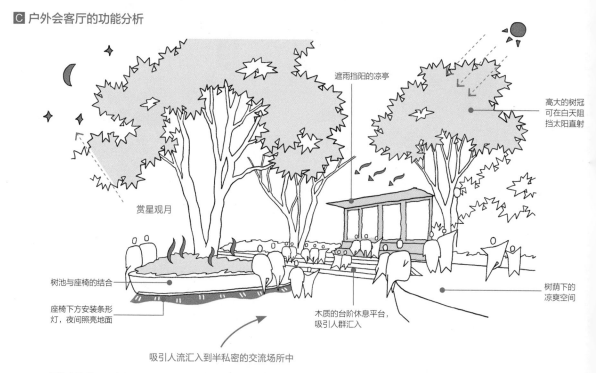

遮雨挡阳的凉亭

高大的树冠可在白天阻挡太阳直射

赏星观月

树池与座椅的结合

座椅下方安装条形灯，夜间照亮地面

木质的台阶休息平台，吸引人群汇入

树荫下的凉爽空间

吸引人流汇入到半私密的交流场所中

场地中设计了一个半私密围合空间，节点在侧面采用大量植被进行围合，承载室外会客、游览以及与邻里互动的功能

（2）各种游戏功能叠加组合的设计思路

通过游戏功能的叠加，如迷你植物园、亲子吊椅活动环、青少年活动圈、多功能活动圈等，形成多样、丰富的效果，充满人文关怀的同时，也与其他空间相呼应。

Ｄ 迷你植物园的功能分析

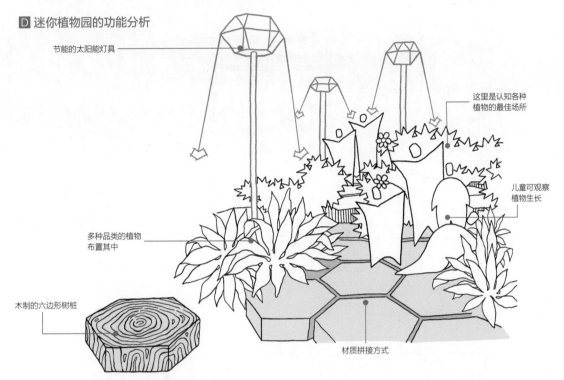

节能的太阳能灯具

这里是认知各种植物的最佳场所

儿童可观察植物生长

多种品类的植物布置其中

木制的六边形树桩

材质拼接方式

这里是认识各种植物的绝佳场所，利用边缘的小角落，结合具有艺术感的太阳能灯具搭建一座迷你植物园。角落里的空间让人驻足欣赏，里面种植了小辣椒、小番茄、迷迭香等各种植物，是孩子们了解植物和农作物的有趣的自然课堂

Ｄ 亲子吊椅活动环的功能分析

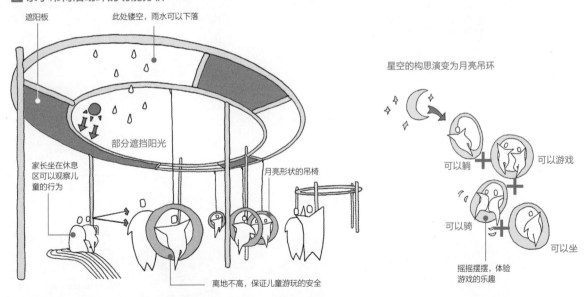

遮阳板

此处镂空，雨水可以下落

星空的构思演变为月亮吊环

部分遮挡阳光

可以躺　可以游戏

家长坐在休息区可以观察儿童的行为

月亮形状的吊椅

可以骑　可以坐

离地不高，保证儿童游玩的安全

摇摇摆摆，体验游戏的乐趣

环形结构和"星空"顶的设计提供了多维度的亲子互动空间，在满足人文关怀的同时，也与街角的儿童书店和商业空间遥相呼应

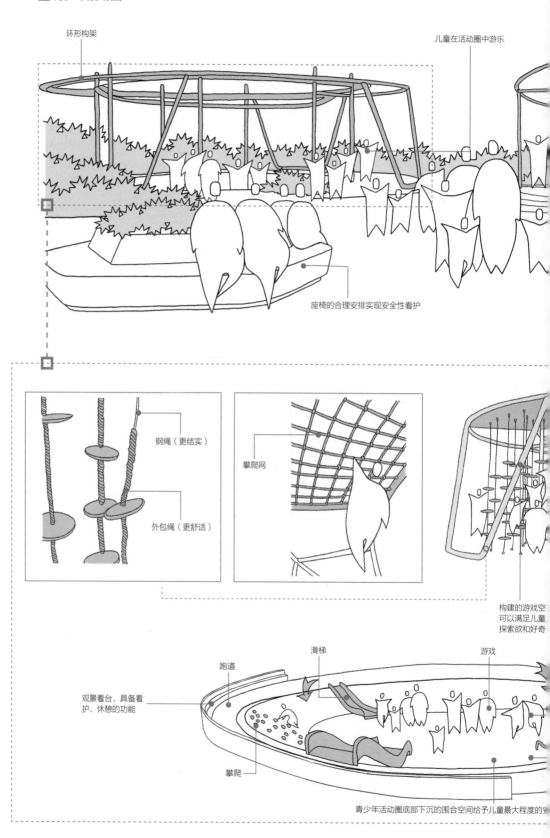

环形构架

儿童在活动圈中游乐

座椅的合理安排实现安全性看护

钢绳（更结实）

外包绳（更舒适）

攀爬网

构建的游戏空
可以满足儿童
探索欲和好奇

跑道

滑梯

游戏

观景看台，具备看
护、休憩的功能

攀爬

青少年活动圈底部下沉的围合空间给予儿童最大程度的安

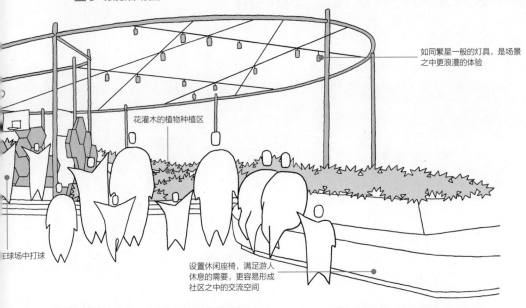

如同繁星一般的灯具，是场景之中更浪漫的体验

花灌木的植物种植区

王球场中打球

设置休闲座椅，满足游人休息的需要，更容易形成社区之中的交流空间

这是一个多功能的空间，有多功能的草坪、青年活动圈和跑道，悬挂在一个大圆圈上的枝形吊灯看起来就像天上的星星，使人们仿佛在太空中漫游

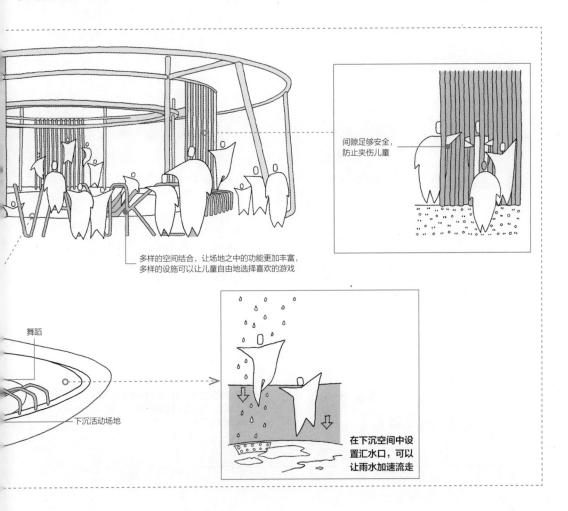

间隙足够安全，防止夹伤儿童

多样的空间结合，让场地之中的功能更加丰富，多样的设施可以让儿童自由地选择喜欢的游戏

舞蹈

下沉活动场地

在下沉空间中设置汇水口，可以让雨水加速流走

5.5 树下景观空间的开放式处理与利用

（1）对封闭的角落空间进行开放式再处理

消除原有的空间死角，保留代表场所精神的树木，置入各种景观装置，如Logo展示墙、积木坐凳、互动科普装置、童年游戏连环画和体能游戏图案，重塑有序、顺畅的开放式空间结构。

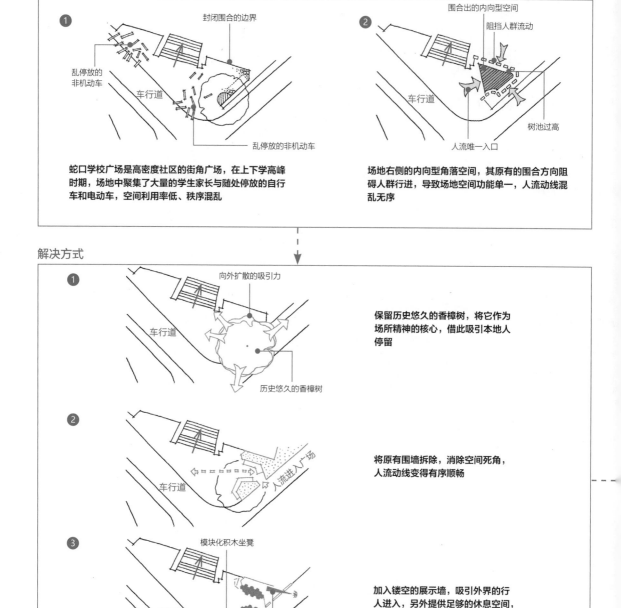

项目名称及地点	深圳蛇口学校南入口景观，深圳
设计单位及时间	深圳市自组空间设计有限公司，2019年
项目面积	400m^2
项目简介	该场地为密集社区的街角广场，空间功能非常单一。设计过程尊重了原场地的功能使用，重构了场地的空间秩序。整个场地以"光阴的故事"为基调，为用户提供了一个遮阳的等候空间，一个自由活动的空间，一个周边居民的共享空间，让这个广场更加热闹、生动

开放空间展示

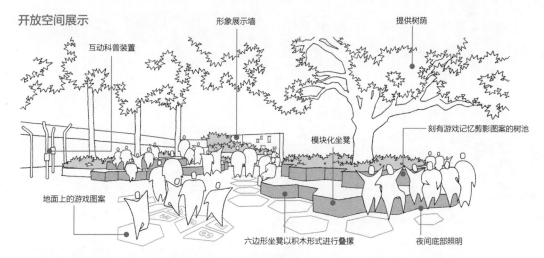

原本封闭的空间经过改造，不仅能为家长提供舒适、具有秩序的等候空间，也能为学生提供上学前和放学后自由玩耍的场所，成为承载童年回忆的共享空间

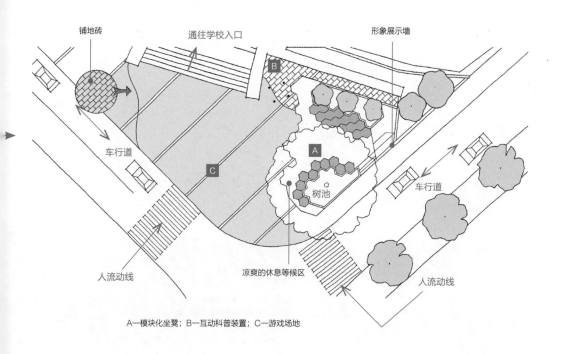

A—模块化坐凳；B—互动科普装置；C—游戏场地

（2）在树下空间形成秩序和谐的交流环境

　　围绕"光阴的故事"的设计理念，通过城市景观空间秩序感的构建，提升广场的舒适度，打造形态好、空间丰富、体验多样的街角广场。

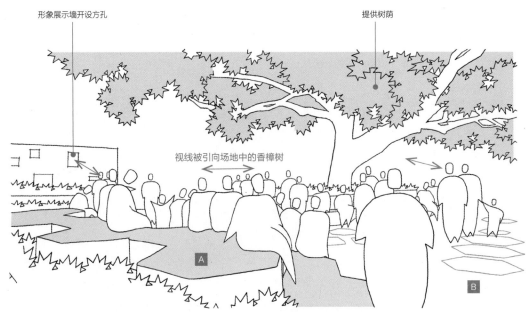

打破原有围墙、树池、宣传栏等设施形成的围合空间，建立开放的形象展示墙，墙上镂空的方孔提高了沿街界面的通透性，也让行人能够看见广场内部，吸引其进入

A 模块化坐凳

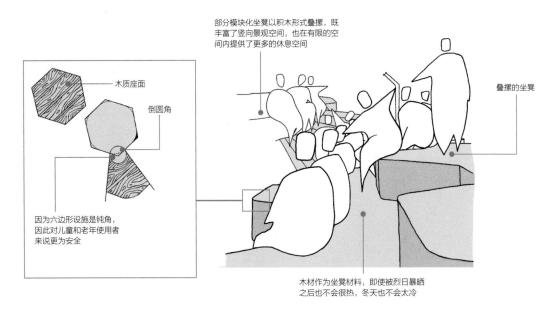

B 体能游戏图案

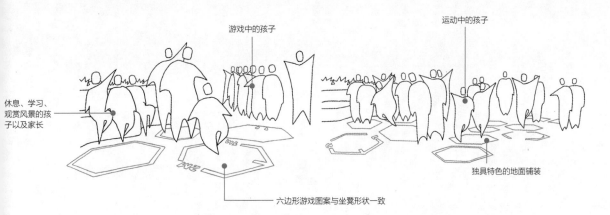

运动中的孩子

游戏中的孩子

休息、学习、
观赏风景的孩
子以及家长

独具特色的地面铺装

六边形游戏图案与坐凳形状一致

地面设有多组跳格子游戏图案，既是能够丰富空间的特色铺装，也是鼓励儿童活动的互动装置

互动科普装置

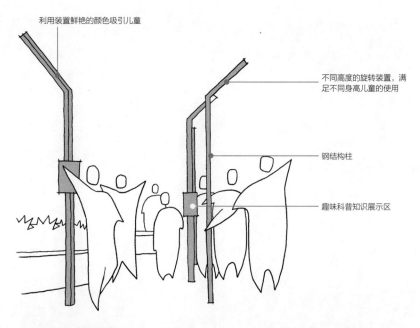

利用装置鲜艳的颜色吸引儿童

不同高度的旋转装置，满
足不同身高儿童的使用

钢结构柱

趣味科普知识展示区

**在场地中设置几组互动科普装置，并将科学知识以图文结合的形式融入装置之中，使儿童在
游戏中进行知识的积累**

第 **6** 章

公共文化景观

6.1 对称式布局与叙事性手法的融合处理

（1）注重精神元素的提取，选取最佳的空间组织方式

保留下来的青杨林成为场地独特的景观元素与精神代表。整个园区采用隐形中轴线并叠加自由叙事游线的划分方式，在有效利用青杨林的同时也唤起了时代的记忆。

场地之中与场地之外的思考

场地之外
（重视青杨林这一独有的生命元素）

近景是富有生命力的植物

远景是广阔的大地景观

恶劣环境中生长的青杨林，代表了场地中独有的生命力

无限的延伸感

向上的冲破力

顽强的生命力

大地景观无限的延伸感，使人失去对尺度的判断

青杨林向上的冲破力与广袤的荒漠景观形成强烈的对抗感

青杨林顽强的生命力，暗喻着原子城内科研人员顽强科研的品质精神

保留青杨林，使人

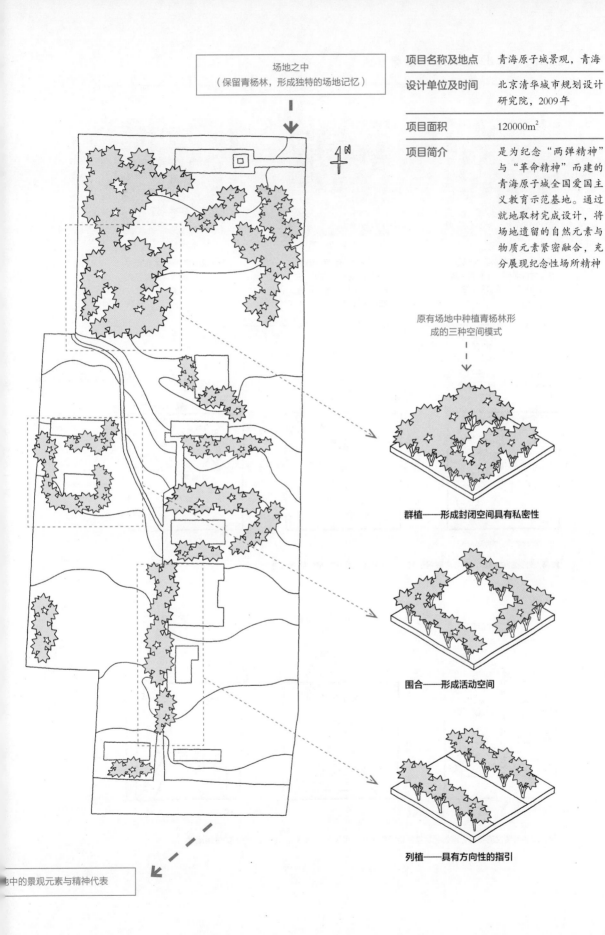

场地之中
（保留青杨林，形成独特的场地记忆）

项目名称及地点	青海原子城景观，青海
设计单位及时间	北京清华城市规划设计研究院，2009 年
项目面积	120000m²
项目简介	是为纪念"两弹精神"与"革命精神"而建的青海原子城全国爱国主义教育示范基地。通过就地取材完成设计，将场地遗留的自然元素与物质元素紧密融合，充分展现纪念性场所精神

原有场地中种植青杨林形成的三种空间模式

群植——形成封闭空间具有私密性

围合——形成活动空间

列植——具有方向性的指引

地中的景观元素与精神代表

153

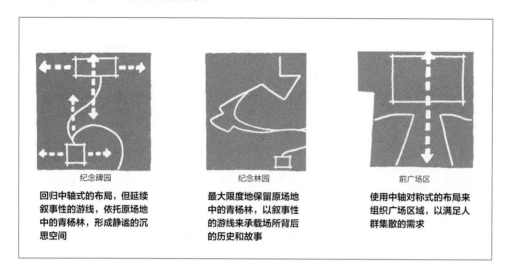

纪念碑园

回归中轴式的布局，但延续叙事性的游线，依托原场地中的青杨林，形成静谧的沉思空间

纪念林园

最大限度地保留原场地中的青杨林，以叙事性的游线来承载场所背后的历史和故事

前广场区

使用中轴对称式的布局来组织广场区域，以满足人群集散的需求

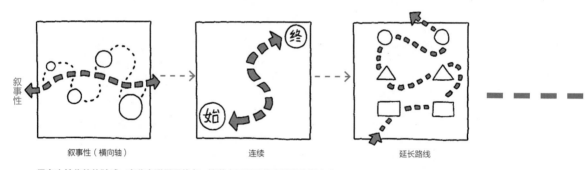

叙事性（横向轴）

连续

延长路线

具有人性化的体验感，充分串联景观节点，使游人沉浸于故事性的演绎之中

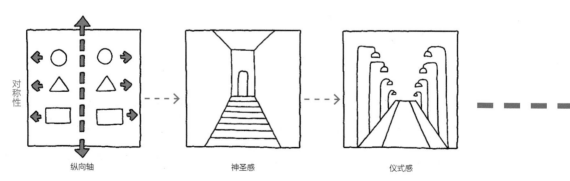

纵向轴

神圣感

仪式感

具有冷静和理性的特征，这是纪念性景观所需要的，多用于广场区域，强化了空间的使用属性

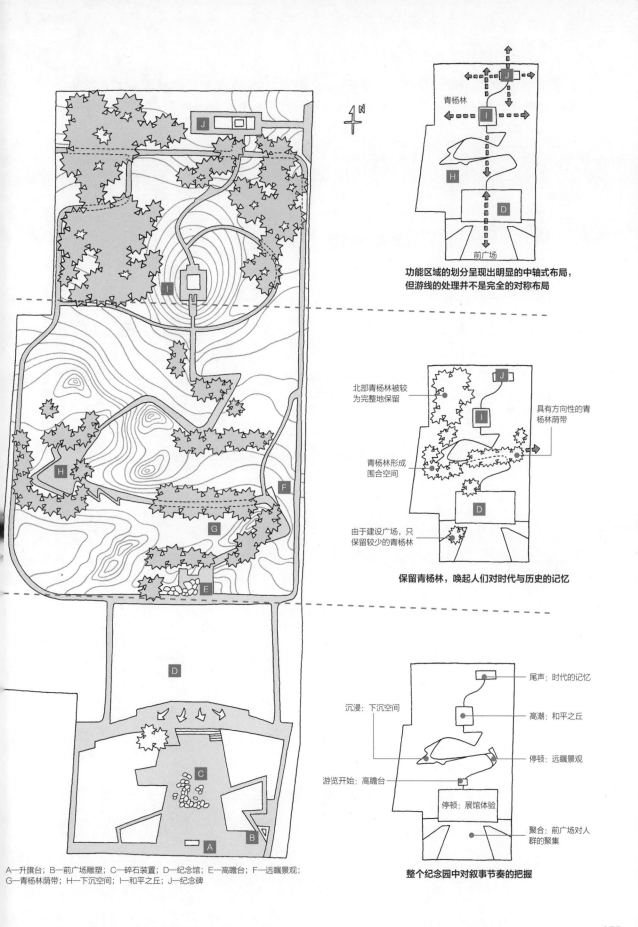

功能区域的划分呈现出明显的中轴式布局，
但游线的处理并不是完全的对称布局

北部青杨林被较
为完整地保留

具有方向性的青
杨林荫带

青杨林形成
围合空间

由于建设广场，只
保留较少的青杨林

保留青杨林，唤起人们对时代与历史的记忆

尾声：时代的记忆

沉浸：下沉空间

高潮：和平之丘

停顿：远瞩景观

游览开始：高瞻台

停顿：展馆体验

聚合：前广场对人
群的聚集

整个纪念园中对叙事节奏的把握

A—升旗台；B—前广场雕塑；C—碎石装置；D—纪念馆；E—高瞻台；F—远瞩景观；
G—青杨林荫带；H—下沉空间；I—和平之丘；J—纪念碑

（2）以之字形道路解决纪念景观的叙事节奏

通过之字形道路，将整个空间分为三个区域：纪念馆前广场、纪念馆和馆北纪念园。作为场地内唯一的路径，隐喻科研道路曲折，但又始终充满了希望，它成为人们缅怀沉思、培养感情的精神场所。

前广场

Ａ 前广场雕塑

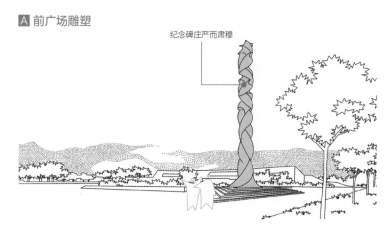

纪念碑庄严而肃穆

高耸的雕塑冲破了场地的平坦地势，形成鲜明独特的景观元素

Ｂ 前广场环境

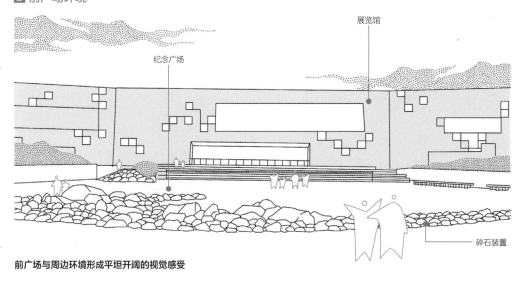

纪念广场

展览馆

碎石装置

前广场与周边环境形成平坦开阔的视觉感受

纪念园（入口部分）

尊重纪念景观的对称暗线，并引入叙事性的游览路线

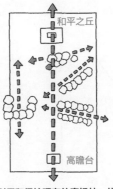

利用和保护现有的青杨林，依据青杨林的走势进行景观张力的延伸，确定东西走向的游线

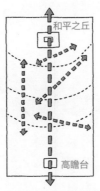

在场地之中引入摆线以整合游线方向，使游览路线更流畅

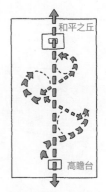

流畅的游览路线将景观节点串联起来

C 可供游人观景的高瞻台

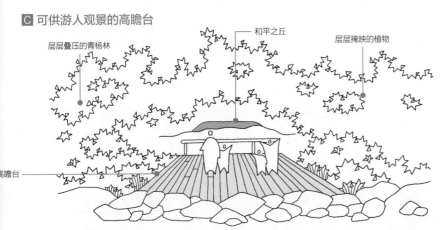

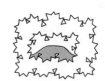

通过框景手法，利用层层景深，引导视线进入"和平之丘"

站在高瞻台上望向远方，在层层叠压的青杨林的背景之后，便是"和平之丘"，暗喻和平在曲折之后

D 聚焦视线的远瞩景观

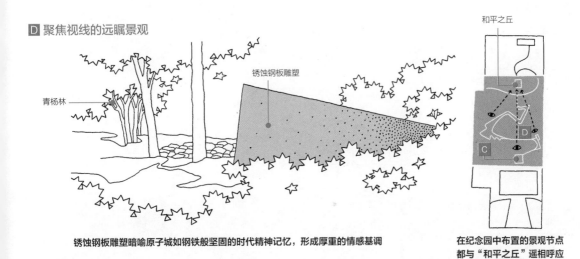

锈蚀钢板雕塑暗喻原子城如钢铁般坚固的时代精神记忆，形成厚重的情感基调

在纪念园中布置的景观节点都与"和平之丘"遥相呼应

纪念园（下沉空间部分）

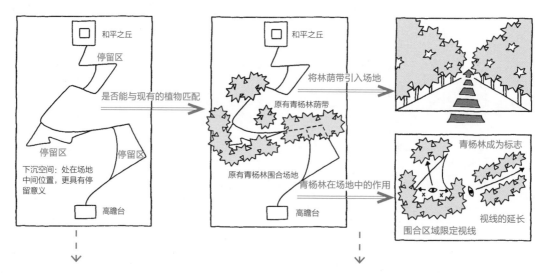

在现有路径之中，需要一处景观节点发挥承前启后的作用，既满足游人停留休息的需求，同时又使人们感受到宁静祥和

放眼纪念园的整个场地，地势较为平坦开阔，在设计之中，通过地形的高差设置，增加更多的游览体验

如果"和平之丘"是向上的升华，那么"下沉空间"便为沉浸的思考，使场地具备戏剧性的冲突

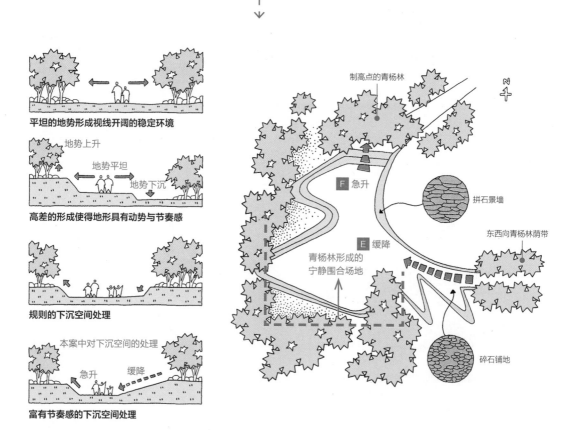

平坦的地势形成视线开阔的稳定环境

高差的形成使得地形具有动势与节奏感

规则的下沉空间处理

富有节奏感的下沉空间处理

E 下沉空间入口景观

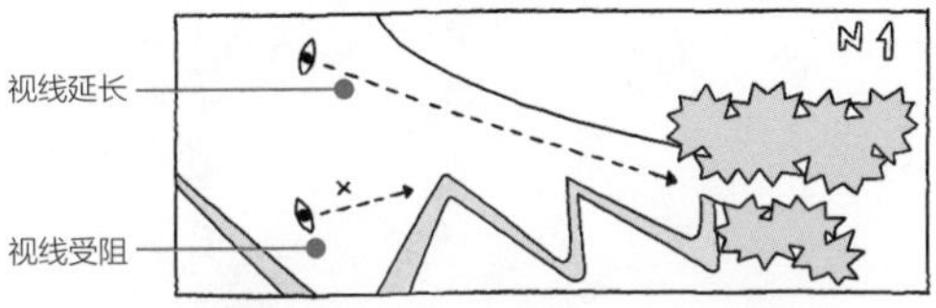

视线延长

视线受阻

有弧度变化的景墙，能够达到对视线的控制，丰富
游人的感受

节点之间的连续

节点之间的阻挡

F 下沉空间出口景观

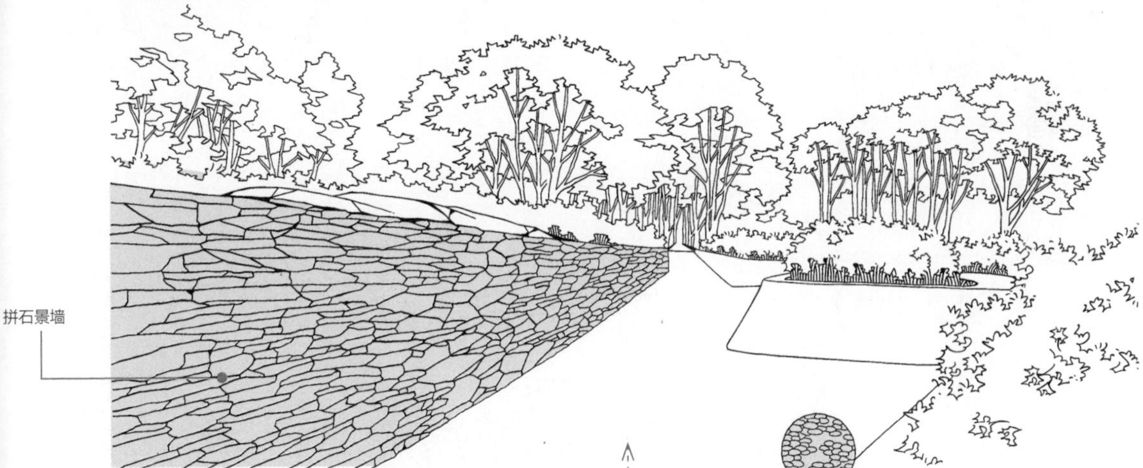

拼石景墙

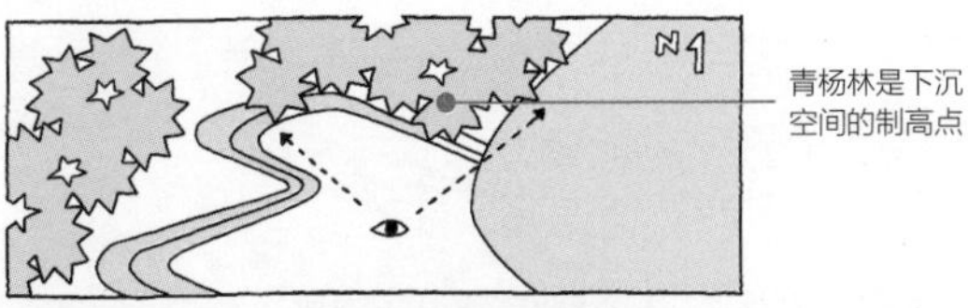

北部制高点青杨林成为下沉空间中的高潮

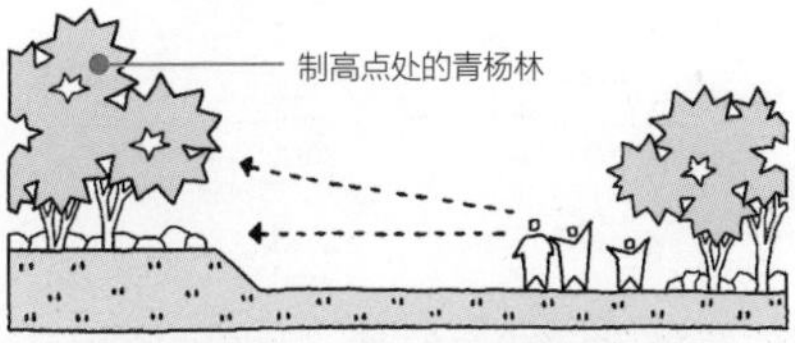

青杨林是下沉
空间的制高点

制高点处的青杨林

利用场地高差，将游人视线引入北部青杨林

纪念碑林

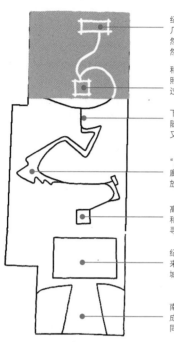

纪念碑：代表和平来之不易，和平背后是原子城几代人的辛劳与追求，平地而起的高大纪念碑虽然作为景观的尾声，但对英雄的敬意却在内心油然而生

和平之丘：和平之丘中的静水景观犹如明镜般映照着原子城的天空，是虚与实的对话，是今朝与过往的沟通，同时升华着和平的情绪与主题

下沉通道：明暗空间的变化营造了静思的氛围，随着通道台阶缓缓而上，既沉淀对前人的敬意，又讴歌对和平的珍惜

"之"字形走廊：以蜿蜒的叙事游线设计构思走廊，巧妙运用微地形的处理手法，引入围合和开放的空间关系，实现丰富多变的步行体验

高瞻台：站在高瞻台上，可以透过层层树影远望和平之丘，以富有哲理的设计语言表达着曲折追寻与实现和平的过程

纪念馆：纪念馆横向展开矗立于游览者面前，带来体量压迫感的同时，以建筑造型点明了原子城庄重严谨的历史主题

南广场：作为纪念馆前广场，以对称式的布局形成开阔的停留空间，满足车流与人流的集散需要，同时开启了纪念体验的前奏

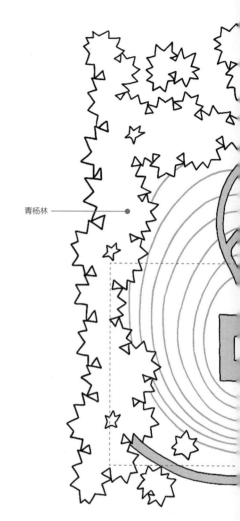

青杨林

场地前是空旷的，保证游人的视线直视和平之丘

下沉通道成为连接场地内外的关键，巨大的和平鸽镂空板成为和平之丘的标志，再次点明景观的尾声主题

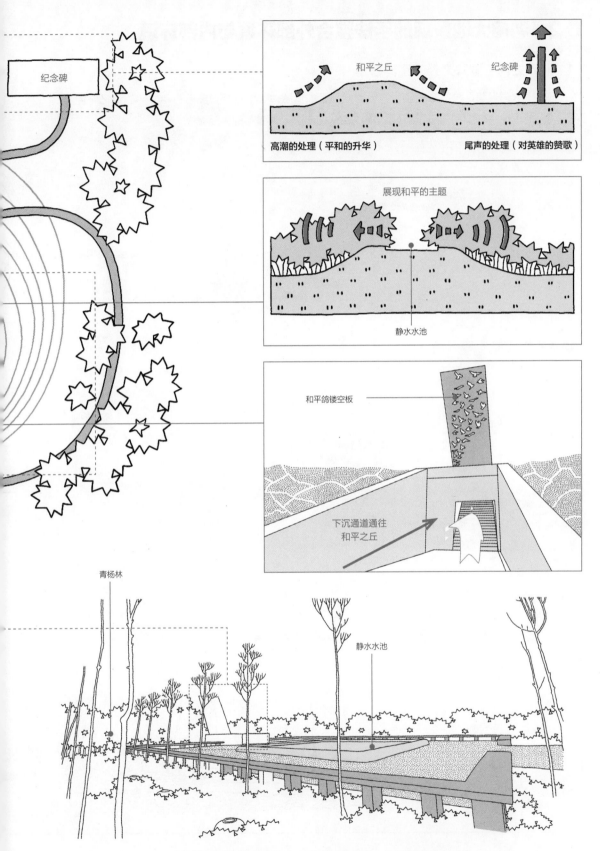

纪念碑

和平之丘　　　　　　　　纪念碑

高潮的处理（平和的升华）　　　　尾声的处理（对英雄的赞歌）

展现和平的主题

静水水池

和平鸽镂空板

下沉通道通往
和平之丘

青杨林

静水水池

和平之丘的布置庄严肃穆，让产生人强烈的敬意感，使和平的主题再次升华

6.2 利用大地景观的手法整合外部环境与内部环境

（1）洞穴之内与洞穴之外的空间营造

通过"穴居聚集"与"探索驯服"等原始朴素的情感体验，唤起对史前古老文明的记忆与传承，将大地景观的布置手法与周边环境进行整合，形成多感官参与的体验流线。

火的传承与原始穴居

场地位于西侯度，是人类最早用火遗址，因此把"火"作为设计元素

洞穴内的景观营造

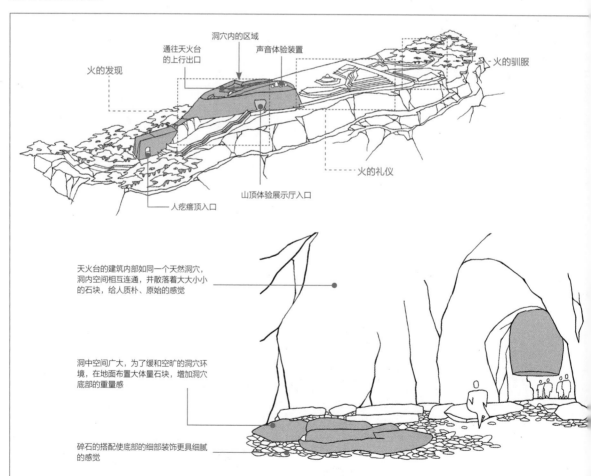

天火台的建筑内部如同一个天然洞穴，洞内空间相互连通，并散落着大大小小的石块，给人质朴、原始的感觉

洞中空间广大，为了缓和空旷的洞穴环境，在地面布置大体量石块，增加洞穴底部的重量感

碎石的搭配使底部的细部装饰更具细腻的感觉

项目名称及地点	西侯度遗址圣火公园，山西
设计单位及时间	URBANUS都市实践建筑事务所，2019年
项目面积	11056m²
项目简介	项目位于山西省芮城县风陵渡镇西侯度遗址，该遗址是世界上最重要的史前人类活动考古点之一，距今约180万年。2019年，该公园成为第二届全国青年运动会的圣火采集点。在此背景之下，利用环境景观从独特的人文角度，将参观者引入质朴自然、神秘浪漫的原始遐想情景之中

使用木石等朴素原始的材料，增加对"火与光明"古老仪式的认同感

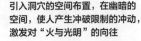

引入洞穴的空间布置，在幽暗的空间，使人产生冲破限制的冲动，激发对"火与光明"的向往

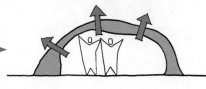

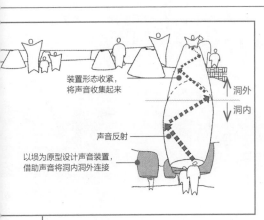

装置形态收紧，将声音收集起来

洞外
洞内

声音反射

以埙为原型设计声音装置，借助声音将洞内洞外连接

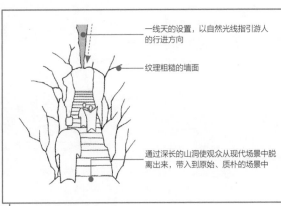

一线天的设置，以自然光线指引游人的行进方向

纹理粗糙的墙面

通过深长的山洞使观众从现代场景中脱离出来，带入到原始、质朴的场景中

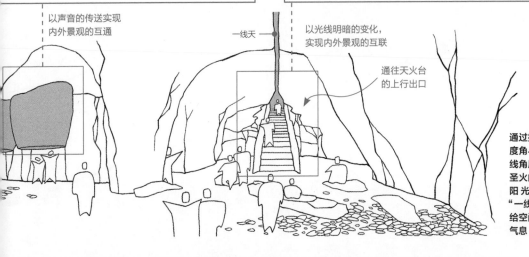

以声音的传送实现内外景观的互通

一线天

以光线明暗的变化，实现内外景观的互联

通往天火台的上行出口

通过推算太阳高度角与建筑的轴线角度，使取得圣火的时刻，太阳光线正好与"一线天"重合，给空间增添神秘气息

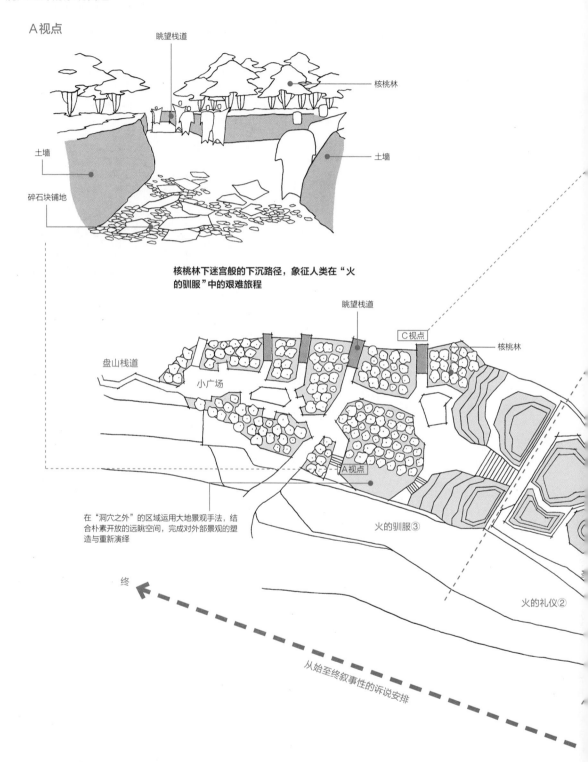

洞穴之外的景观营造

A视点

眺望栈道

核桃林

土墙

土墙

碎石块铺地

核桃林下迷宫般的下沉路径，象征人类在"火的驯服"中的艰难旅程

盘山栈道

小广场

眺望栈道

C视点

核桃林

A视点

在"洞穴之外"的区域运用大地景观手法，结合朴素开放的远眺空间，完成对外部景观的塑造与重新演绎

火的驯服③

终

火的礼仪②

从始至终叙事性的诉说安排

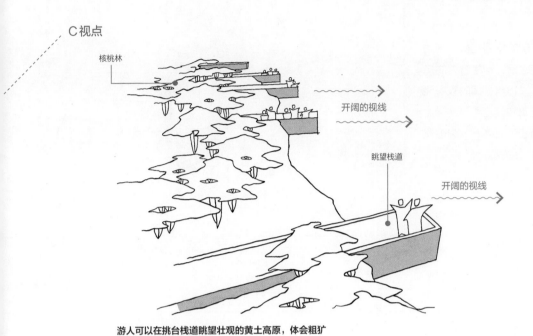

C视点

核桃林

开阔的视线

眺望栈道

开阔的视线

游人可以在挑台栈道眺望壮观的黄土高原，体会粗犷
的考古场地的历史沧桑感

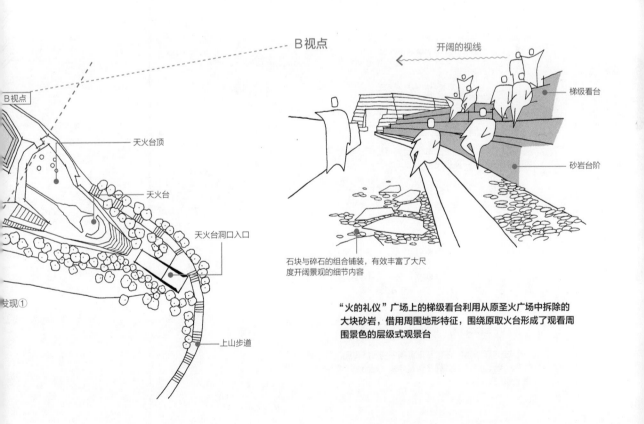

B视点

开阔的视线

梯级看台

B视点

天火台顶

天火台

天火台洞口入口

砂岩台阶

发现①

石块与碎石的组合铺装，有效丰富了大尺
度开阔景观的细节内容

上山步道

"火的礼仪"广场上的梯级看台利用从原圣火广场中拆除的
大块砂岩，借用周围地形特征，围绕原取火台形成了观看周
围景色的层级式观景台

（2）空间的明暗处理丰富游人的体验感受

在"穴居景观"的穿梭过程中，在明暗空间交替、视线变化轮转之间，构建游人的情绪起伏，以饱含哲理的叙事性演绎和充满神话色彩的文脉加持，诠释了天人合一、阴阳乾坤的中国文化气韵。

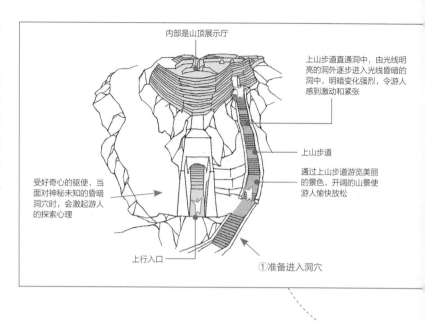

内部是山顶展示厅

上山步道直通洞中，由光线明亮的洞外逐步进入光线昏暗的洞中，明暗变化强烈，令游人感到激动和紧张

上山步道

通过上山步道游览美丽的景色，开阔的山景使游人愉快放松

受好奇心的驱使，当面对神秘未知的昏暗洞穴时，会激起游人的探索心理

上行入口

①准备进入洞穴

②进入洞穴

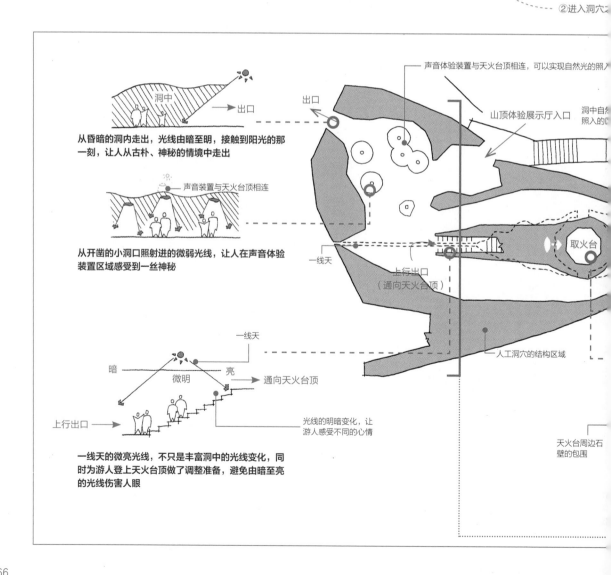

从昏暗的洞内走出，光线由暗至明，接触到阳光的那一刻，让人从古朴、神秘的情境中走出

声音装置与天火台顶相连

从开凿的小洞口照射进的微弱光线，让人在声音体验装置区域感受到一丝神秘

声音体验装置与天火台顶相连，可以实现自然光的照入

山顶体验展示厅入口

洞中自然光照入的洞口

一线天

上行出口（通向天火台顶）

取火台

人工洞穴的结构区域

暗　微明　亮　→通向天火台顶

一线天

上行出口→

光线的明暗变化，让游人感受不同的心情

天火台周边石壁的包围

一线天的微亮光线，不只是丰富洞中的光线变化，同时为游人登上天火台顶做了调整准备，避免由暗至亮的光线伤害人眼

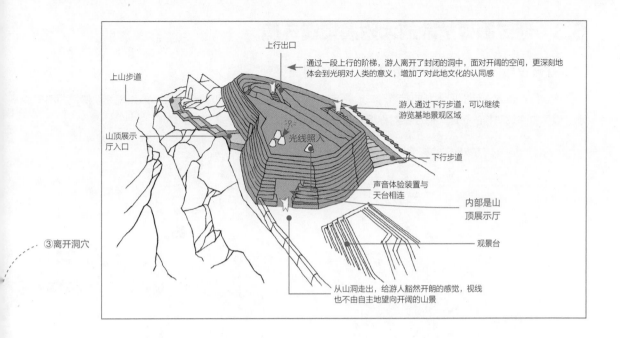

上行出口
上山步道
通过一段上行的阶梯，游人离开了封闭的洞中，面对开阔的空间，更深刻地体会到光明对人类的意义，增加了对此地文化的认同感

游人通过下行步道，可以继续游览基地景观区域

山顶展示厅入口
光线照入

下行步道

声音体验装置与天台相连

内部是山顶展示厅

③离开洞穴

观景台

从山洞走出，给游人豁然开朗的感觉，视线也不由自主地望向开阔的山景

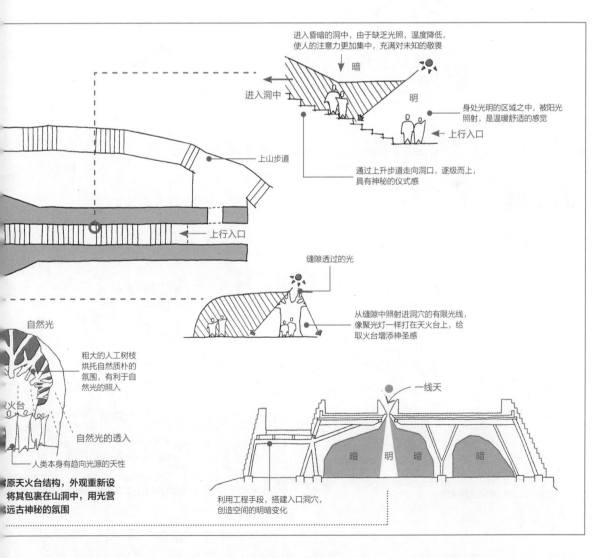

进入昏暗的洞中，由于缺乏光照，温度降低，使人的注意力更加集中，充满对未知的敬畏

暗

进入洞中

明

身处光明的区域之中，被阳光照射，是温暖舒适的感觉

上行入口

通过上升步道走向洞口，逐级而上，具有神秘的仪式感

上山步道

上行入口

缝隙透过的光

从缝隙中照射进洞穴的有限光线，像聚光灯一样打在天火台上，给取火台增添神圣感

自然光

粗大的人工树枝烘托自然质朴的氛围，有利于自然光的照入

一线天

火台

暗　明　暗　暗

自然光的透入

人类本身有趋向光源的天性

原天火台结构，外观重新设
将其包裹在山洞中，用光营
远古神秘的氛围

利用工程手段，搭建入口洞穴，创造空间的明暗变化

167

6.3 通过圆弧扩散放大附属景观环境

（1）打破古典对称的布局，构建功能丰富的附属景观

　　该项目的景观设计提取涟漪的扩散形式，形成古建筑与商业环境的过渡与连接，入口南北两侧气质不同的景观打破了古建筑对称的布局，形成不对称但有节奏的平衡，营造出一个多功能的场所。

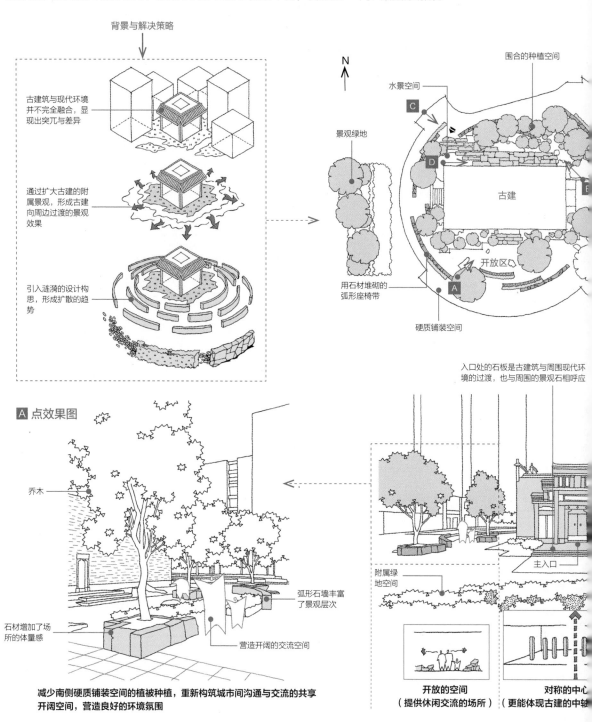

背景与解决策略

古建筑与现代环境并不完全融合，显现出突兀与差异

通过扩大古建的附属景观，形成古建向周边过渡的景观效果

引入涟漪的设计构思，形成扩散的趋势

N

围合的种植空间

水景空间

景观绿地

古建

开放区

用石材堆砌的弧形座椅带

硬质铺装空间

A 点效果图

乔木

石材增加了场所的体量感

弧形石墙丰富了景观层次

营造开阔的交流空间

减少南侧硬质铺装空间的植被种植，重新构筑城市间沟通与交流的共享开阔空间，营造良好的环境氛围

入口处的石板是古建筑与周围现代环境的过渡，也与周围的景观石相呼应

主入口

附属绿地空间

开放的空间
（提供休闲交流的场所）

对称的中心
更能体现古建的中轴

168

项目名称及地点	深圳毗连庭景观，深圳市南山区
设计单位及时间	七月合作社，2019年
项目面积	约1600m²
项目简介	该项目将古建筑移到与之差异巨大的现代环境中，因此需要考虑两种环境的融合问题。建成后的景观打破了古典对称的格局，也在有限的环境中构建了丰富的景观层次

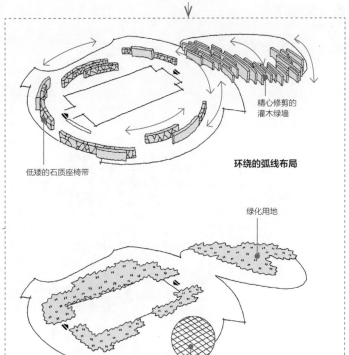

扩散与绿地置入

精心修剪的灌木绿墙

低矮的石质座椅带

环绕的弧线布局

绿化用地

硬质铺装

确定硬质铺装与绿化用地

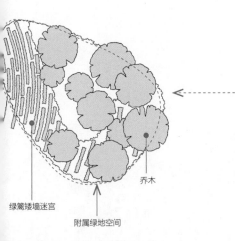

乔木

绿篱矮墙迷宫

附属绿地空间

B 点效果图

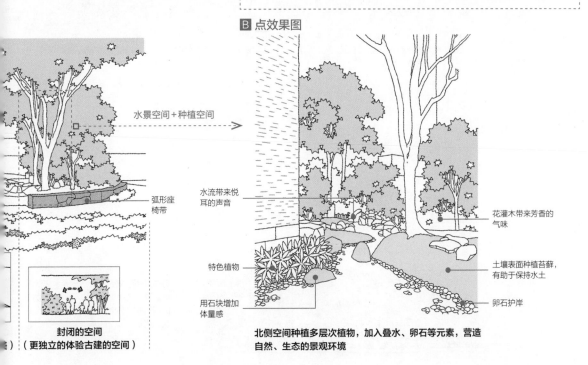

水景空间+种植空间

弧形座椅带

封闭的空间
（更独立的体验古建的空间）

水流带来悦耳的声音

特色植物

用石块增加体量感

花灌木带来芳香的气味

土壤表面种植苔藓，有助于保持水土

卵石护岸

北侧空间种植多层次植物，加入叠水、卵石等元素，营造自然、生态的景观环境

（2）利用景观元素创造视觉的平衡效果

利用石块平衡古建筑的厚重感，利用植物的横向布置平衡建筑向上的趋势。另外，为了避免古建筑与外部视线的直接接触，延长了进入古建筑的入口游览线。

C 点效果图

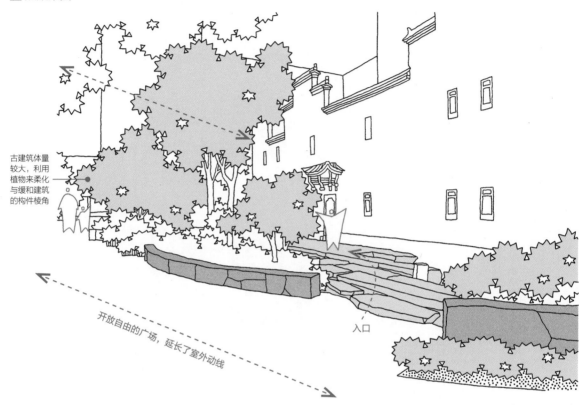

古建筑体量较大，利用植物来柔化与缓和建筑的构件棱角

开放自由的广场，延长了室外动线

入口

适量种植乔木来添加前景，通过引入石板路，使得人们进入建筑的路线更加曲折，营造景深感与私密感

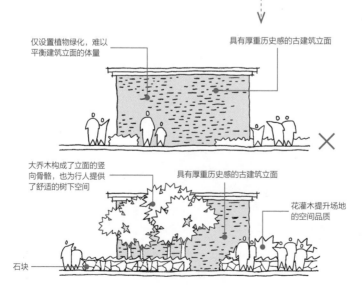

仅设置植物绿化，难以平衡建筑立面的体量

具有厚重历史感的古建筑立面

大乔木构成了立面的竖向骨骼，也为行人提供了舒适的树下空间

具有厚重历史感的古建筑立面

花灌木提升场地的空间品质

石块

石块堆叠形成的座椅带及乔木和灌木的增补，从体量上可以平衡建筑立面的压迫感，同时也满足了游人休息交流的需求

D 点效果图

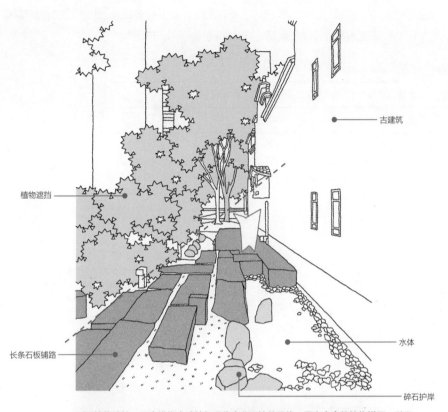

古建筑

植物遮挡

水体

长条石板铺路

碎石护岸

利用植物遮挡，适当模糊古建筑与现代商业环境的界线，层次丰富的植物搭配，以及带有粗糙纹理的石板路和小水体，让人迅速地沉浸于园林独特的美感氛围之中

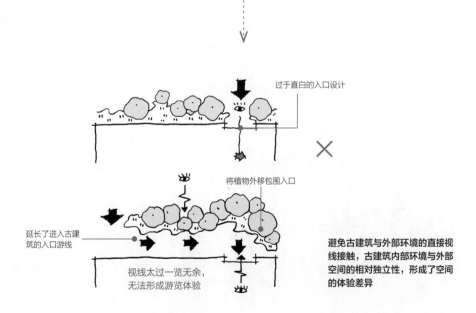

过于直白的入口设计

将植物外移包围入口

延长了进入古建筑的入口游线

视线太过一览无余，无法形成游览体验

避免古建筑与外部环境的直接视线接触，古建筑内部环境与外部空间的相对独立性，形成了空间的体验差异

6.4 叠加社区生活与会展功能的屋顶花园景观

（1）打造功能集合的开放空间

设计师在屋顶上植入了足球场、沙坑、观光塔、草坪剧院、轮滑台等趣味设施，以跑道将功能区串联起来。红色的塑胶跑道随着屋顶高低起伏，成为市民休闲娱乐的场所。

项目名称及地点	杭州云栖小镇国际会展中心，杭州
设计单位及时间	杭州靠近设计、浙江大学城乡规划设计研究院，2017年
项目面积	66680m²
项目简介	设计摒弃了展览中心宏大的尺度和隆重的形式，用一个完全开放的、和谐的空间，弱化了建筑的存在感，任何人都可以自由出入，打造一座能为人们提供归属感、有特色和凝聚力的展览中心

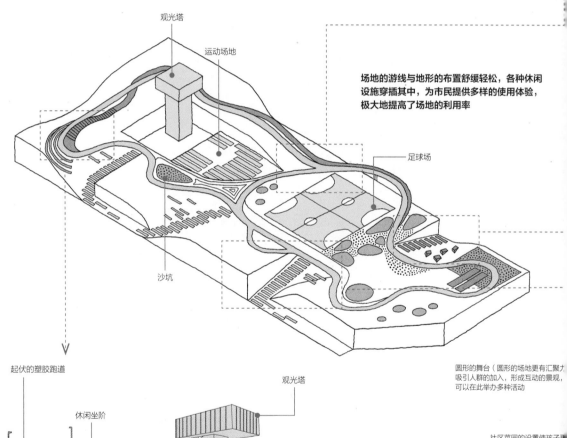

场地的游线与地形的布置舒缓轻松，各种休闲设施穿插其中，为市民提供多样的使用体验，极大地提高了场地的利用率

观光塔

运动场地

足球场

沙坑

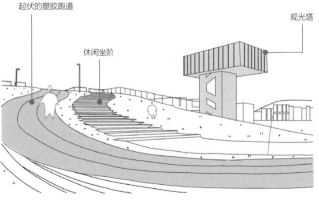

起伏的塑胶跑道

休闲坐阶

观光塔

圆形的舞台（圆形的场地更有汇聚力，吸引人群的加入，形成互动的景观，可以在此举办多种活动

社区菜园的设置使孩子了解农作物的生长，体会动的艰辛与收获的喜悦

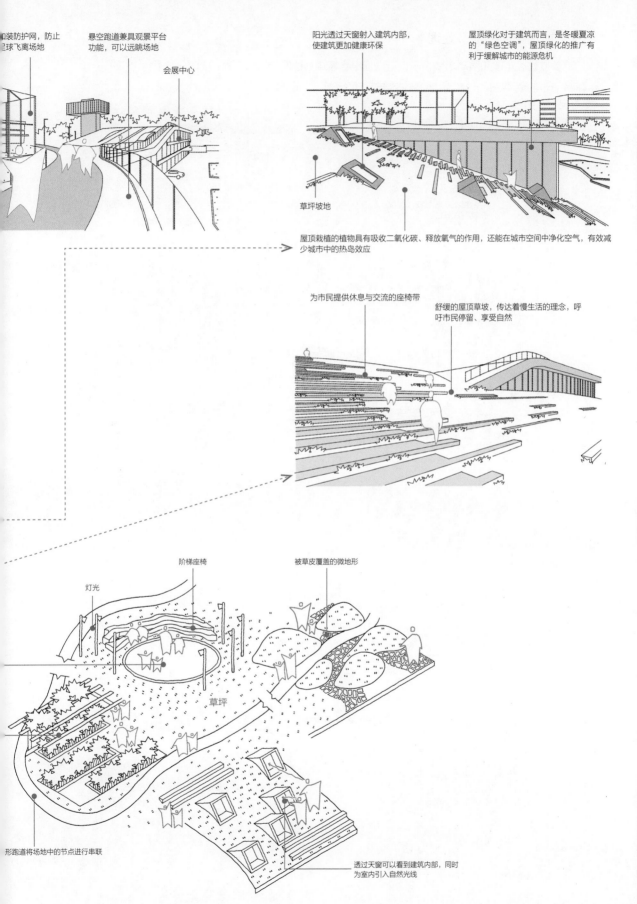

加装防护网，防止
球飞离场地

悬空跑道兼具观景平台
功能，可以远眺场地

会展中心

阳光透过天窗射入建筑内部，
使建筑更加健康环保

屋顶绿化对于建筑而言，是冬暖夏凉
的"绿色空调"，屋顶绿化的推广有
利于缓解城市的能源危机

草坪坡地

屋顶栽植的植物具有吸收二氧化碳、释放氧气的作用，还能在城市空间中净化空气，有效减
少城市中的热岛效应

为市民提供休息与交流的座椅带

舒缓的屋顶草坡，传达着慢生活的理念，呼
吁市民停留、享受自然

灯光

阶梯座椅

被草皮覆盖的微地形

草坪

形跑道将场地中的节点进行串联

透过天窗可以看到建筑内部，同时
为室内引入自然光线

（2）屋顶花园的细节处理

建立社区菜园和活动木屋，不仅可以提高会展中心的利用率，还可以创造一个微生态圈，提供寓教于乐的活动空间，丰富居民的交流与互动。

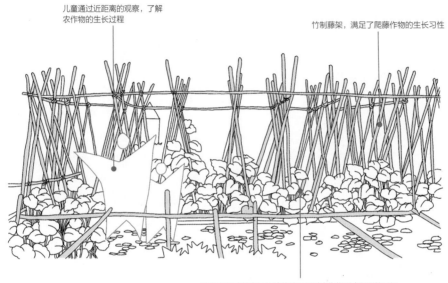

儿童通过近距离的观察，了解农作物的生长过程

竹制藤架，满足了爬藤作物的生长习性

寓教于乐式的学习体验使孩子们对农作物形成更深的了解

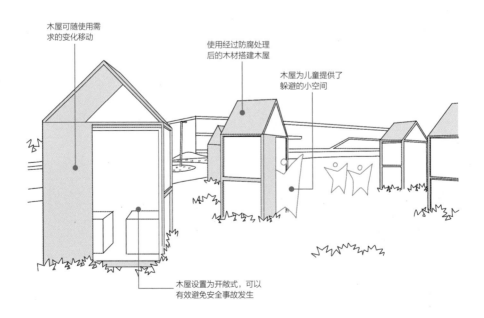

木屋可随使用需求的变化移动

使用经过防腐处理后的木材搭建木屋

木屋为儿童提供了躲避的小空间

木屋设置为开敞式，可以有效避免安全事故发生

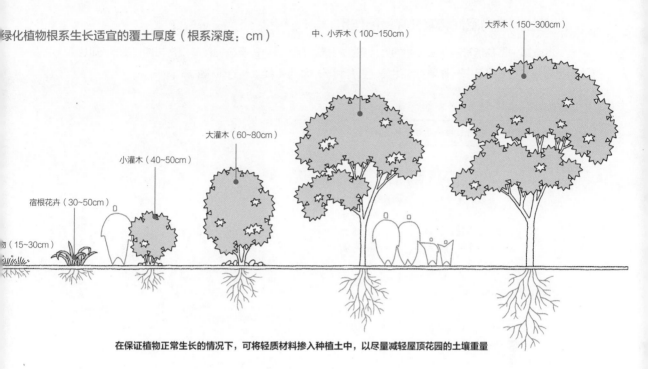

绿化植物根系生长适宜的覆土厚度（根系深度：cm）

大乔木（150~300cm）

中、小乔木（100~150cm）

大灌木（60~80cm）

小灌木（40~50cm）

宿根花卉（30~50cm）

物（15~30cm）

在保证植物正常生长的情况下，可将轻质材料掺入种植土中，以尽量减轻屋顶花园的土壤重量

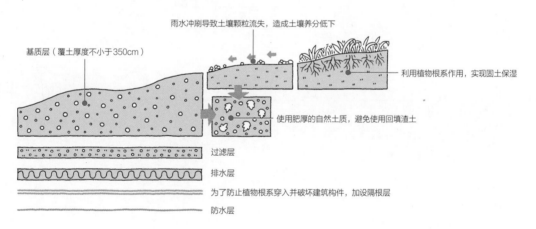

雨水冲刷导致土壤颗粒流失，造成土壤养分低下

基质层（覆土厚度不小于350cm）

利用植物根系作用，实现固土保湿

使用肥厚的自然土质，避免使用回填渣土

过滤层

排水层

为了防止植物根系穿入并破坏建筑构件，加设隔根层

防水层

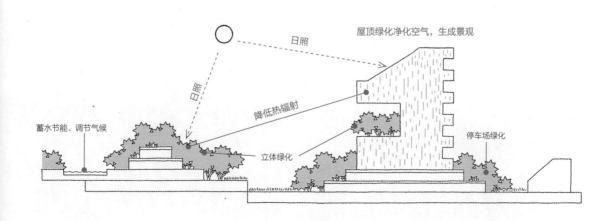

日照

屋顶绿化净化空气，生成景观

日照

降低热辐射

蓄水节能、调节气候

立体绿化

停车场绿化

175

6.5　以封闭的思路处理庭院空间

（1）植物对室内空间和室外环境的作用

　　本方案中园林造景的手法可归纳为点景、对景、框景等。由于植物具有观赏功能，因此可以利用植物造景给人们带来一种景观韵律美，更有利于形成可持续生长的环境生态。

项目名称及地点	上海八分园景观，上海
设计单位及时间	苏州未相景观与城市设计事务所，2016年
项目面积	2000m^2
项目简介	八分园原是小区售楼处，在中式语境下，现代建筑与传统园林并存，建筑被改造为微型文化综合体。建筑师利用对比手法来设计空间关系：外面的园子有着复杂的形式感，而里面的建筑有着简单的朴素感

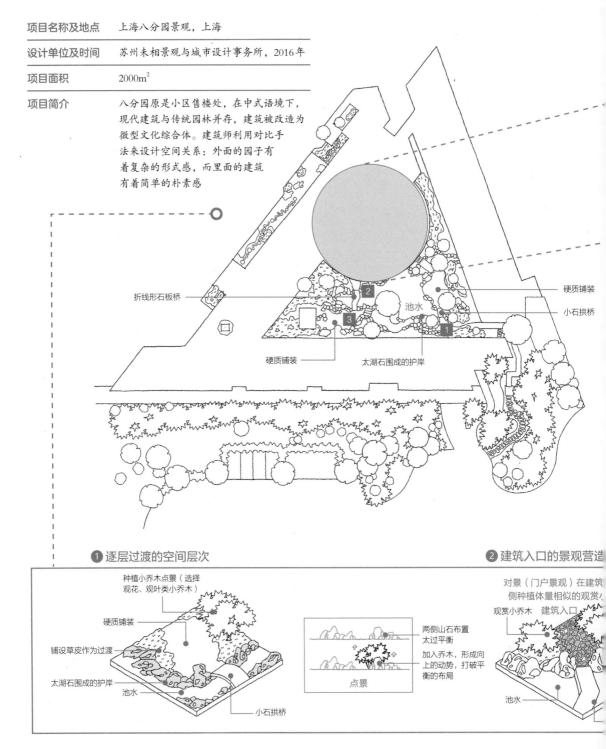

折线形石板桥

硬质铺装

小石拱桥

池水

硬质铺装

太湖石围成的护岸

❶ 逐层过渡的空间层次

种植小乔木点景（选择观花、观叶类小乔木）

硬质铺装

铺设草皮作为过渡

太湖石围成的护岸

池水

小石拱桥

两侧山石布置太过平衡

加入乔木，形成向上的动势，打破平衡的布局

点景

❷ 建筑入口的景观营造

对景（门户景观）在建筑侧种植体量相似的观赏小乔木

观赏小乔木　建筑入口

池水

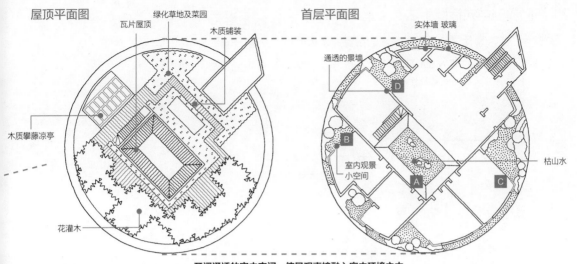

屋顶平面图

瓦片屋顶
绿化草地及菜园
木质铺装

木质攀藤凉亭

花灌木

首层平面图

实体墙 玻璃

通透的景墙

D

B

室内观景小空间

A

C

枯山水

开阔通透的室内空间，使景观直接融入室内环境之中

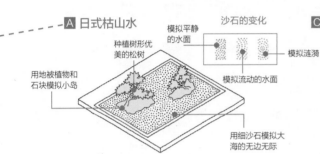

A 日式枯山水

种植树形优美的松树

沙石的变化

模拟平静的水面

模拟涟漪

用地被植物和石块模拟小岛

模拟流动的水面

用细沙石模拟大海的无边无际

构建以"海上岛屿"为主题的日式枯山水

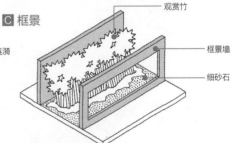

C 框景

观赏竹

框景墙

细砂石

利用简洁的景墙将点景植物收入框中，使视线集中在需要观赏的景物上

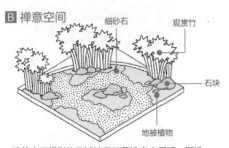

B 禅意空间

细砂石
观赏竹

石块

地被植物

建筑中不规则的区域被用于营造室内景观，塑造禅意的艺术空间

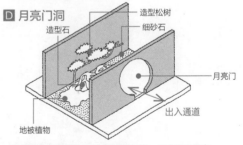

D 月亮门洞

造型松树
细砂石

造型石

月亮门

出入通道

地被植物

构建实用与美观于一体的景观环境，月亮门既是出入通道，又将景色限定于门洞之中

❸ 景观石材的运用

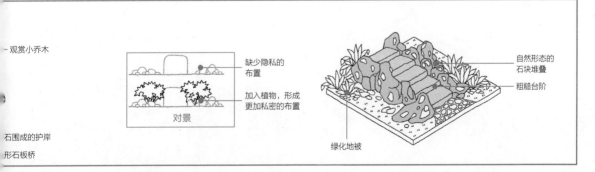

观赏小乔木

缺少隐私的布置

加入植物，形成更加私密的布置

对景

石围成的护岸

形石板桥

自然形态的石块堆叠

粗糙台阶

绿化地被

（2）高品质的中式造园手法

　　庭院中，围浇水体进行游线与景观的布置，跌水瀑布被设置在庭院一角，恰似一幅立体的山水画，与建筑入口处的静水水域形成"动静之间"的对话。

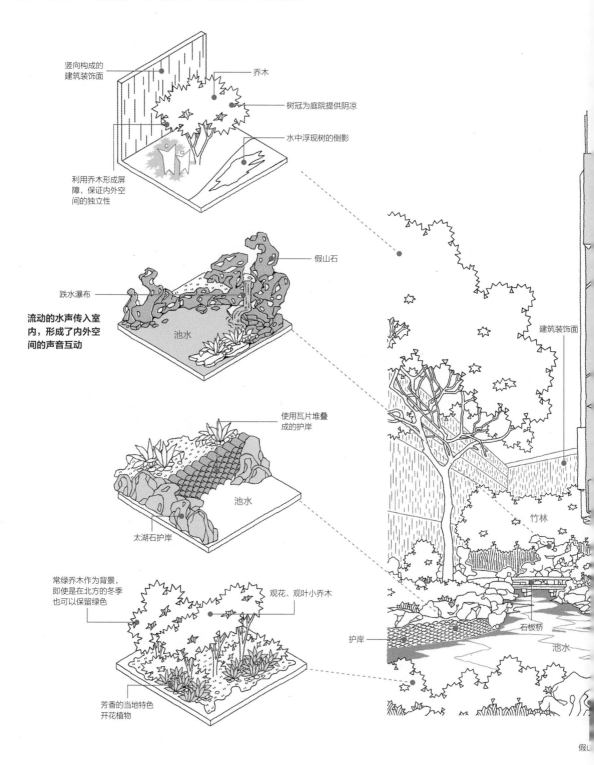

竖向构成的
建筑装饰面

乔木

树冠为庭院提供阴凉

水中浮现树的倒影

利用乔木形成屏
障，保证内外空
间的独立性

假山石

跌水瀑布

**流动的水声传入室
内，形成了内外空
间的声音互动**

池水

使用瓦片堆叠
成的护岸

池水

太湖石护岸

建筑装饰面

竹林

常绿乔木作为背景，
即使是在北方的冬季
也可以保留绿色

观花、观叶小乔木

石板桥

护岸

池水

芳香的当地特色
开花植物

假山

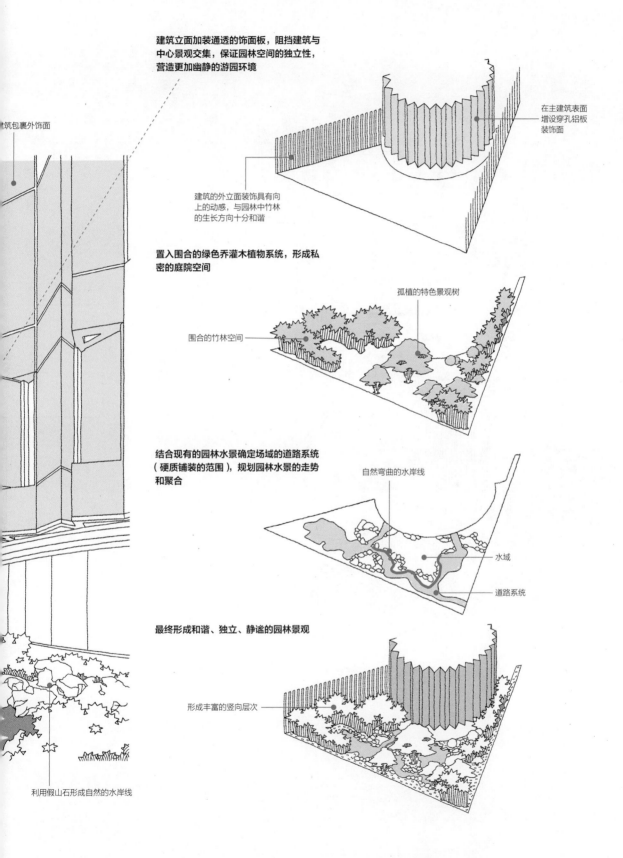

建筑立面加装通透的饰面板，阻挡建筑与
中心景观交集，保证园林空间的独立性，
营造更加幽静的游园环境

建筑包裹外饰面

在主建筑表面
增设穿孔铝板
装饰面

建筑的外立面装饰具有向
上的动感，与园林中竹林
的生长方向十分和谐

置入围合的绿色乔灌木植物系统，形成私
密的庭院空间

孤植的特色景观树

围合的竹林空间

结合现有的园林水景确定场域的道路系统
（硬质铺装的范围），规划园林水景的走势
和聚合

自然弯曲的水岸线

水域

道路系统

最终形成和谐、独立、静谧的园林景观

形成丰富的竖向层次

利用假山石形成自然的水岸线

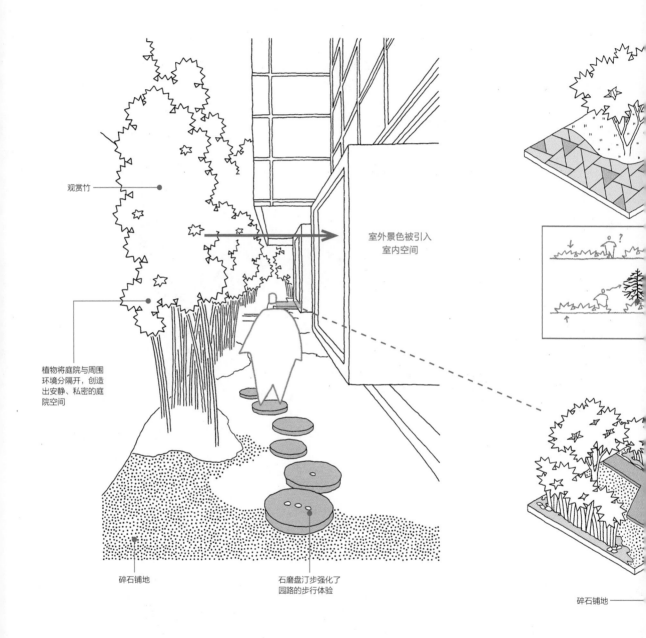

观赏竹

室外景色被引入
室内空间

植物将庭院与周围
环境分隔开，创造
出安静、私密的庭
院空间

碎石铺地

石磨盘汀步强化了
园路的步行体验

碎石铺地

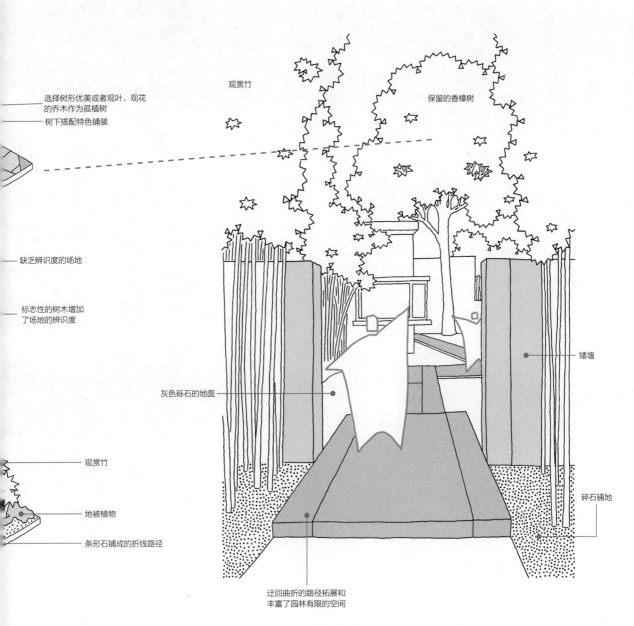

选择树形优美或者观叶、观花的乔木作为孤植树

树下搭配特色铺装

观赏竹

保留的香樟树

缺乏辨识度的场地

标志性的树木增加了场地的辨识度

观赏竹

地被植物

条形石铺成的折线路径

灰色砾石的地面

矮墙

碎石铺地

迂回曲折的路径拓展和丰富了园林有限的空间

庭院入口栽植观赏竹，以营造出幽静清雅的空间氛围

第 **7** 章

新农村景观

7.1 尊重场地属性的乡情景观

（1）布置多样的景观桥来丰富场地的游览动线

为了营造舒适且变化丰富的游览路径，利用景观桥连接场地，比如连接湖面两岸的蛇形曲桥、紧贴水面的栈桥、浅水处用的汀步、小型空间用的拱桥等。多样的景观桥不仅串联了场地的游线，还丰富了整个场地的游线动态，使建筑、景观、场地相得益彰。

项目名称及地点	贵阳阳光城·望乡居住示范区景观，贵阳市龙里县
设计单位及时间	广州山水比德设计股份有限公司，2019年
项目面积	45800m²
项目简介	贵阳市被群山环绕，而且地势多变，植被资源丰富，所有的风都从山谷和湖泊吹来。该项目旨在将景观与建筑融入自然环境，使场地融入生活的历史。

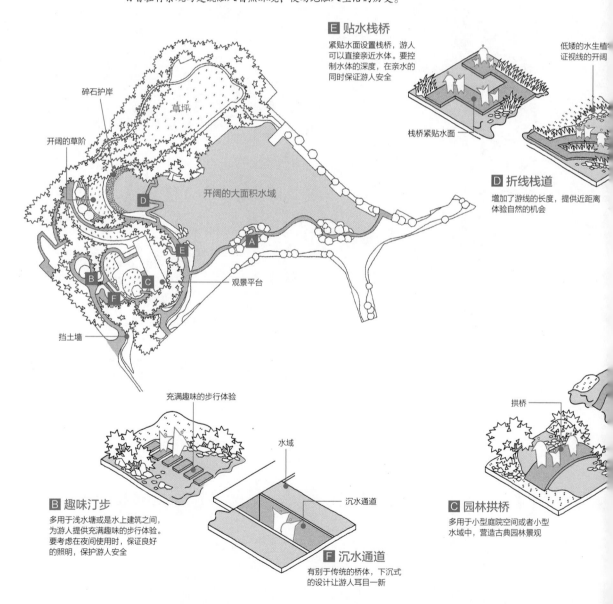

E 贴水栈桥
紧贴水面设置栈桥，游人可以直接亲近水体。要控制水体的深度，在亲水的同时保证游人安全

栈桥紧贴水面

低矮的水生植物保证视线的开阔

D 折线栈道
增加了游线的长度，提供近距离体验自然的机会

碎石护岸

草坪

开阔的草阶

开阔的大面积水域

观景平台

挡土墙

B 趣味汀步
多用于浅水塘或是水上建筑之间，为游人提供充满趣味的步行体验。要考虑在夜间使用时，保证良好的照明，保护游人安全

充满趣味的步行体验

水域

沉水通道

F 沉水通道
有别于传统的桥体，下沉式的设计让游人耳目一新

C 园林拱桥
多用于小型庭院空间或者小型水域中，营造古典园林景观

拱桥

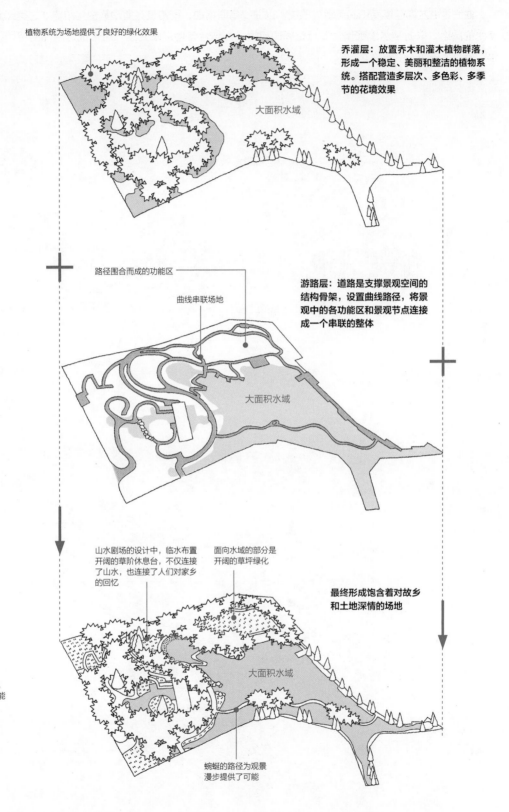

植物系统为场地提供了良好的绿化效果

乔灌层：放置乔木和灌木植物群落，形成一个稳定、美丽和整洁的植物系统。搭配营造多层次、多色彩、多季节的花境效果

大面积水域

路径围合而成的功能区

曲线串联场地

游路层：道路是支撑景观空间的结构骨架，设置曲线路径，将景观中的各功能区和景观节点连接成一个串联的整体

大面积水域

山水剧场的设计中，临水布置开阔的草阶休息台，不仅连接了山水，也连接了人们对家乡的回忆

面向水域的部分是开阔的草坪绿化

最终形成饱含着对故乡和土地深情的场地

大面积水域

A 蛇形曲桥

适合开阔的大面积水域，丰富水面元素的同时还能串联两岸景观

蜿蜒的路径为观景漫步提供了可能

（2）以曲线串联场地，达成"水之体验"的设计构思

　　曲线是由方向连续变化的点组成的线，以曲线串联场地，可使其具有动势变化和韵律之美。沿着水的脉络，以各种水景观作为节点空间的点缀，再结合其他景观元素，可形成延展性的空间效果，使游客在快乐中畅游。

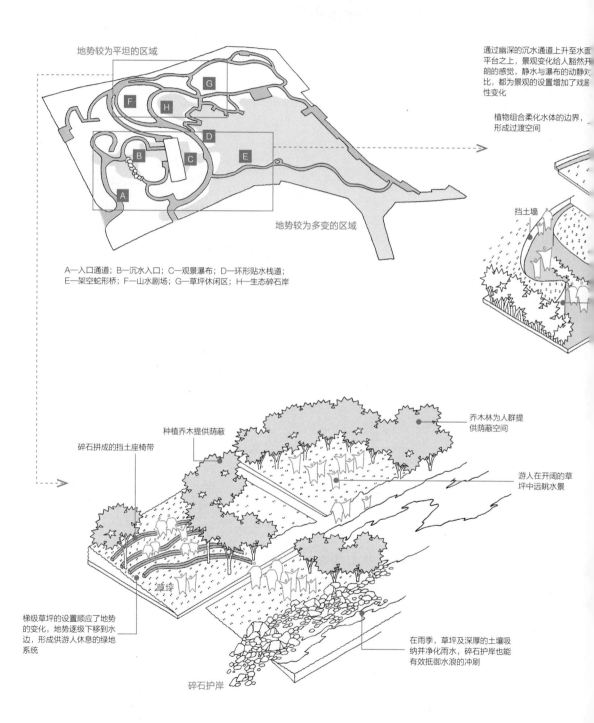

地势较为平坦的区域

通过幽深的沉水通道上升至水面平台之上，景观变化给人豁然开朗的感觉，静水与瀑布的动静对比，都为景观的设置增加了戏剧性变化

植物组合柔化水体的边界，形成过渡空间

挡土墙

地势较为多变的区域

A—入口通道；B—沉水入口；C—观景贴水瀑布；D—环形贴水栈道；
E—架空蛇形桥；F—山水剧场；G—草坪休闲区；H—生态碎石岸

乔木林为人群提供荫蔽空间

种植乔木提供荫蔽

游人在开阔的草坪中远眺水景

碎石拼成的挡土座椅带

梯级草坪的设置顺应了地势的变化，地势逐级下移到水边，形成供游人休息的绿地系统

草坪

碎石护岸

在雨季，草坪及深厚的土壤吸纳并净化雨水，碎石护岸也能有效抵御水浪的冲刷

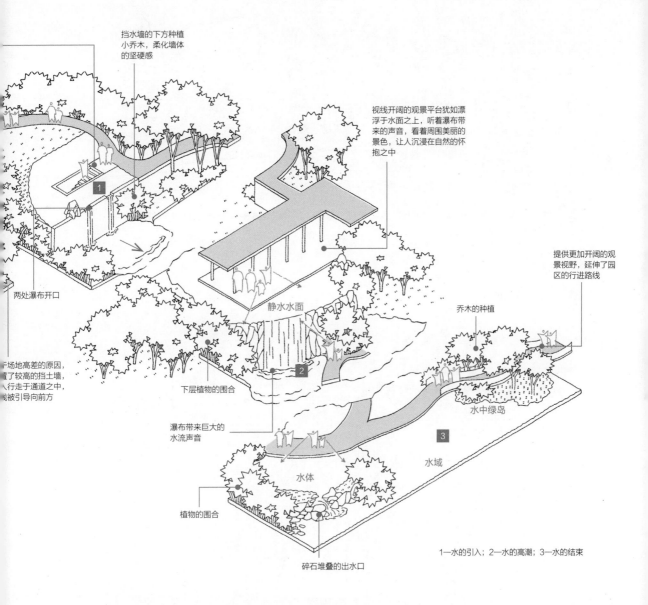

挡水墙的下方种植
小乔木，柔化墙体
的坚硬感

视线开阔的观景平台犹如漂
浮于水面之上，听着瀑布带
来的声音，看着周围美丽的
景色，让人沉浸在自然的怀
抱之中

提供更加开阔的观
景视野，延伸了园
区的行进路线

两处瀑布开口

乔木的种植

于场地高差的原因，
置了较高的挡土墙，
行走于通道之中，
就被引导向前方

静水水面

下层植物的围合

水中绿岛

瀑布带来巨大的
水流声音

水域

水体

植物的围合

碎石堆叠的出水口

1—水的引入；2—水的高潮；3—水的结束

187

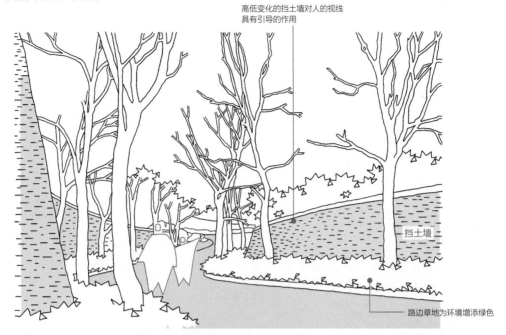

高低变化的挡土墙对人的视线
具有引导的作用

挡土墙

路边草地为环境增添绿色

**弧形挡土墙具有雕塑般的动态，能对游人的视线起到引导作用，不同于直线路径，曲线路径具有柔软和流畅的
体验感**

C 观景瀑布景观

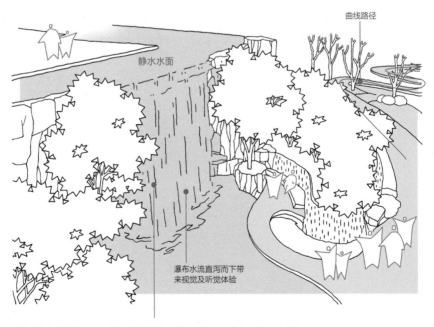

曲线路径

静水水面

瀑布水流直泻而下带
来视觉及听觉体验

瀑布的自然声音慢慢地开启了人们对家乡的记忆，水流直泄而下，带来丰富的感官体验

F 山水剧场

顺应地势变化的梯级草坪，大面积的草坪实现了土壤对雨水的渗透

草坪

碎石堆叠而成的环形休息带

碎石

地势逐级下移到水边

草阶绿植构筑的广场有着亲和的交流氛围，人们的聚会、活动或是演出需求都得到了满足

H 生态碎石岸

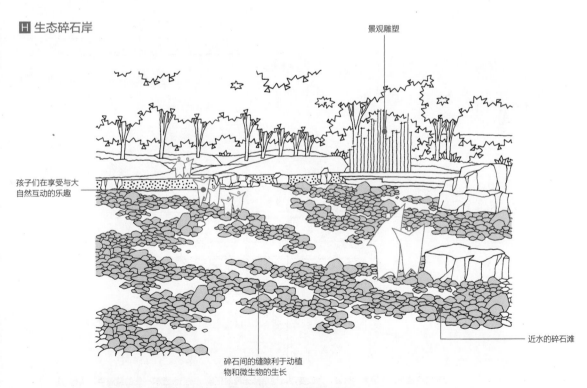

景观雕塑

孩子们在享受与大自然互动的乐趣

近水的碎石滩

碎石间的缝隙利于动植物和微生物的生长

这片碎石滩不仅给孩子们带来了快乐，也让成人唤起童年的回忆

7.2 强化慢行交通，增添公共体验感

（1）保留乡村记忆，营造丰富多样的景观体验空间

该项目充分挖掘了当地的历史文化内涵，以"酷山水"的理念再现了河涌流动与农耕种植的特点；整合场地人群使用需求，依据人行流量，分散布局公共社交空间，最终突显了旧场地的更迭与再生。

项目名称及地点	深圳宝安桥头村景观设计，深圳宝安
设计单位及时间	南沙原创建筑设计工作室，2019 年
项目面积	30000m²
项目简介	桥头村在城市建设的过程中渐渐失去了村落文化特征。改造后的公共空间用景观诠释了当地的地域文化，提升了公共空间的品质

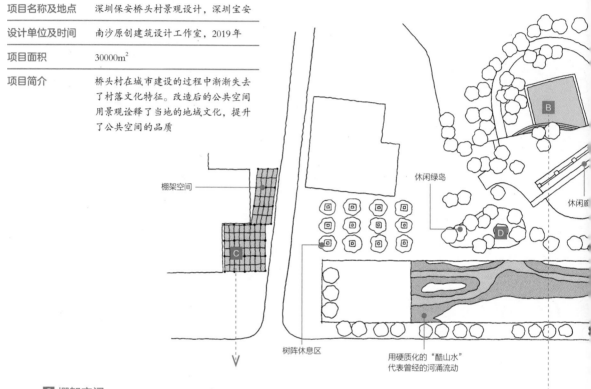

棚架空间

休闲绿岛

休闲廊

树阵休息区

用硬质化的"酷山水"
代表曾经的河涌流动

C 棚架空间

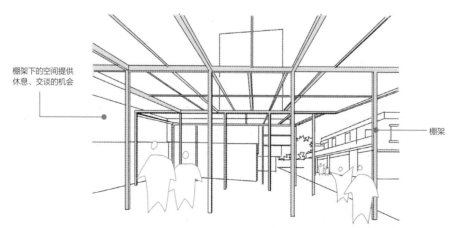

棚架下的空间提供
休息、交谈的机会

棚架

棚架空间位于人流量大的区域，为改变原场地杂乱无序的环境，在凸面建筑一侧的缝隙中，架起与建筑屋顶相同高度的棚架，成为可供停留的公共空间

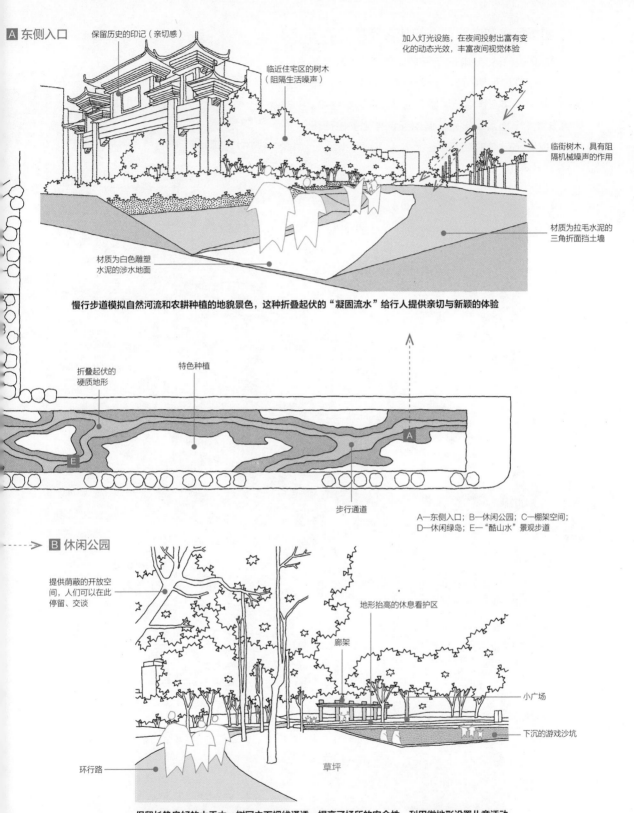

A 东侧入口

保留历史的印记（亲切感）

临近住宅区的树木
（阻隔生活噪声）

加入灯光设施，在夜间投射出富有变
化的动态光效，丰富夜间视觉体验

临街树木，具有阻
隔机械噪声的作用

材质为拉毛水泥的
三角折面挡土墙

材质为白色雕塑
水泥的涉水地面

慢行步道模拟自然河流和农耕种植的地貌景色，这种折叠起伏的"凝固流水"给行人提供亲切与新颖的体验

折叠起伏的
硬质地形

特色种植

步行通道

A—东侧入口；B—休闲公园；C—棚架空间；
D—休闲绿岛；E—"酷山水"景观步道

B 休闲公园

提供荫蔽的开放空
间，人们可以在此
停留、交谈

地形抬高的休息看护区

廊架

小广场

下沉的游戏沙坑

环行路

草坪

保留长势良好的大乔木，树冠之下视线通透，提高了场所的安全性，利用微地形设置儿童活动
沙坑和成人休息看护区。改造后的社区公园成为居民进行公共交流和举办活动的互动场所

191

（2）由慢行景观游路创造的社区公共空间

　　原本代表村落文化的河流被暗渠代替，场地缺乏独特性。在原有河流的位置上设计慢行路径，用折叠起伏的地形和类农作物延续原有河流和农耕的特点。场地设置多个出入口与人行道相通，强化了慢行路径，形成步行友好的游路系统。

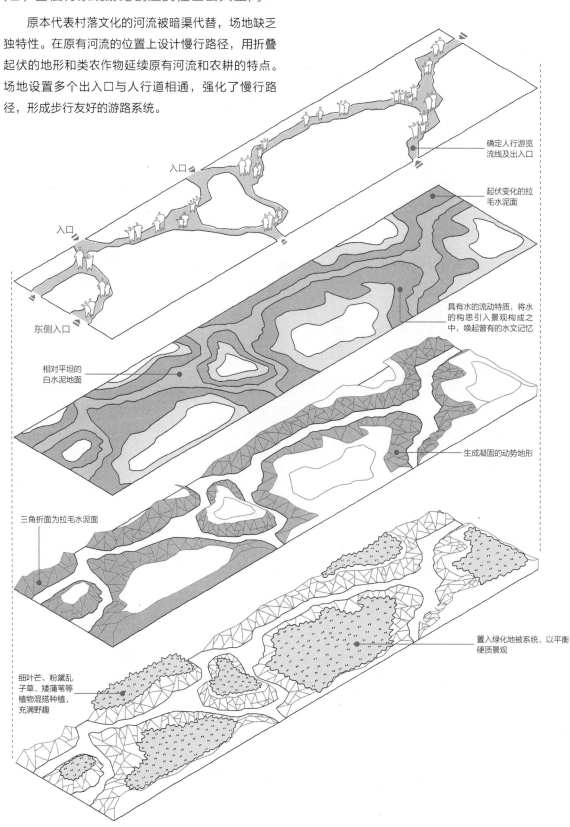

入口

入口

东侧入口

确定人行游览流线及出入口

起伏变化的拉毛水泥面

具有水的流动特质，将水的构思引入景观构成之中，唤起曾有的水文记忆

相对平坦的白水泥地面

生成凝固的动势地形

三角折面为拉毛水泥面

置入绿化地被系统，以平衡硬质景观

细叶芒、粉黛乱子草、矮蒲苇等植物混搭种植，充满野趣

D 休闲绿岛

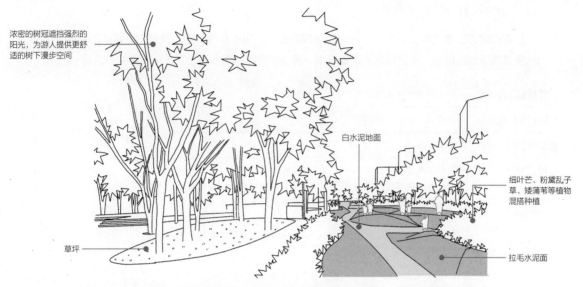

浓密的树冠遮挡强烈的阳光，为游人提供更舒适的树下漫步空间

白水泥地面

细叶芒、粉黛乱子草、矮蒲苇等植物混搭种植

草坪

拉毛水泥面

起伏变化的折面采用具有粗糙质感的拉毛水泥面，步行地面采用光滑的白水泥，当雨季来临时，白水泥地面会形成安全的积水嬉戏区。这条人工"河流"唤起了当地独特的记忆，借此展现曾经的农耕文化

E "酷山水"景观步道

行道树分隔慢行空间和快行空间

机动车车道

非机动车道

人行道

特色种植

白水泥地面

拉毛水泥面

特色游线

"酷山水"有像河流一般蜿蜒的景观步道，并设置了多个出入口与人行道相连，吸引游人进入空间感受曾经的河流文化。在匆忙的城市中创造一个慢行的、具有乡土文化记忆的景观空间

7.3 在低成本场地上创造儿童互动场所

（1）以普通的材料激发场地的游戏互动

在农村过去的建设中，零散的工程尾料在现场堆积，用这些废弃物以及自然环境中的各种元素作为儿童游戏场地的材料，不但降低了建设成本，而且多样的材质还激发了儿童丰富的游乐体验。

项目名称及地点	贵州环境教育主题乐园，贵州省桐梓县中关村
设计单位及时间	傅英斌工作室，2016年
项目面积	1200m²
项目简介	本项目位于贵州省北部山区，这里经济落后且位置偏远，劳动力的外流使得村落空心化严重，大量儿童留守农村，缺乏教育的启蒙。设计团队以低成本的材料和当地的施工技术，为乡村环境的提升与改造提供新的营造模式，以儿童教育主题乐园为例，鼓励村民以建设者的身份，将对生活的期望融入乡村的建设过程之中

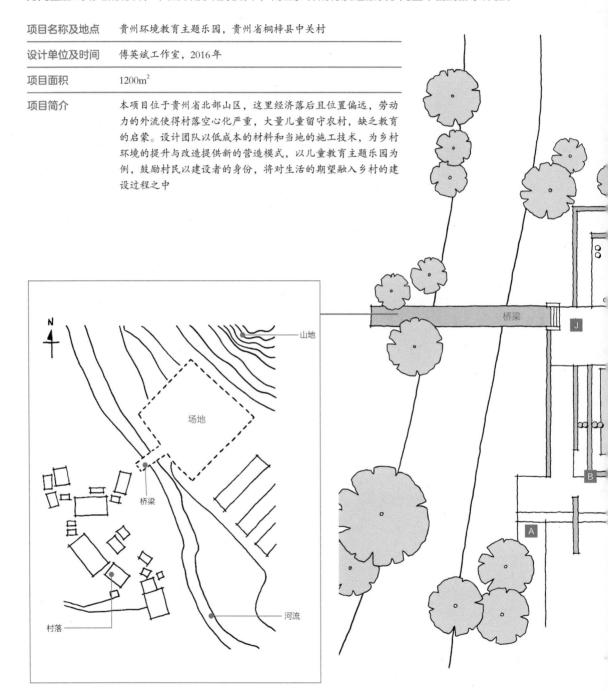

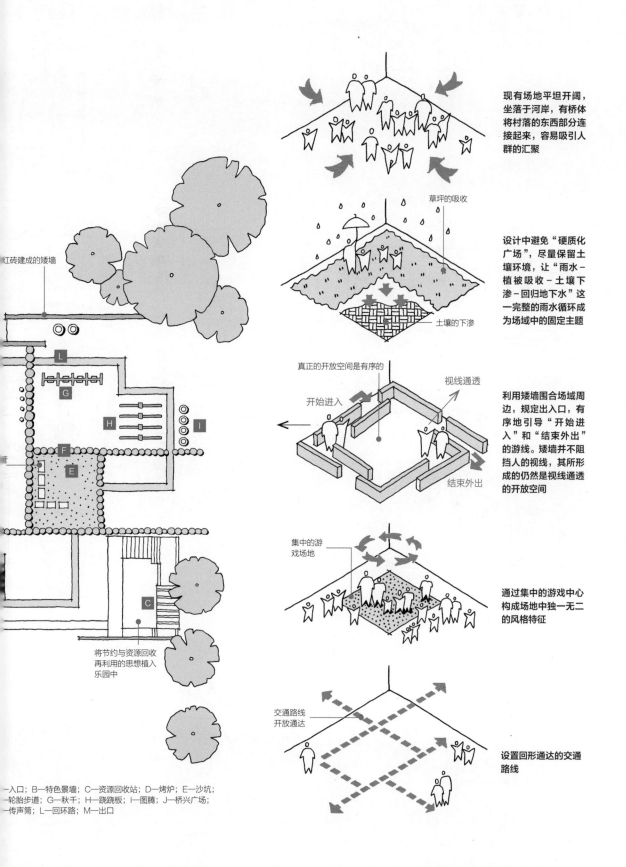

现有场地平坦开阔，坐落于河岸，有桥体将村落的东西部分连接起来，容易吸引人群的汇聚

草坪的吸收

土壤的下渗

设计中避免"硬质化广场"，尽量保留土壤环境，让"雨水－植被被吸收－土壤下渗－回归地下水"这一完整的雨水循环成为场域中的固定主题

真正的开放空间是有序的

视线通透

开始进入

结束外出

利用矮墙围合场域周边，规定出入口，有序地引导"开始进入"和"结束外出"的游线。矮墙并不阻挡人的视线，其所形成的仍然是视线通透的开放空间

集中的游戏场地

通过集中的游戏中心构成场地中独一无二的风格特征

交通路线开放通达

设置回形通达的交通路线

红砖建成的矮墙

将节约与资源回收再利用的思想植入乐园中

一入口；B—特色景墙；C—资源回收站；D—烤炉；E—沙坑；
轮胎步道；G—秋千；H—跷跷板；I—图腾；J—桥兴广场；
传声筒；L—回环路；M—出口

195

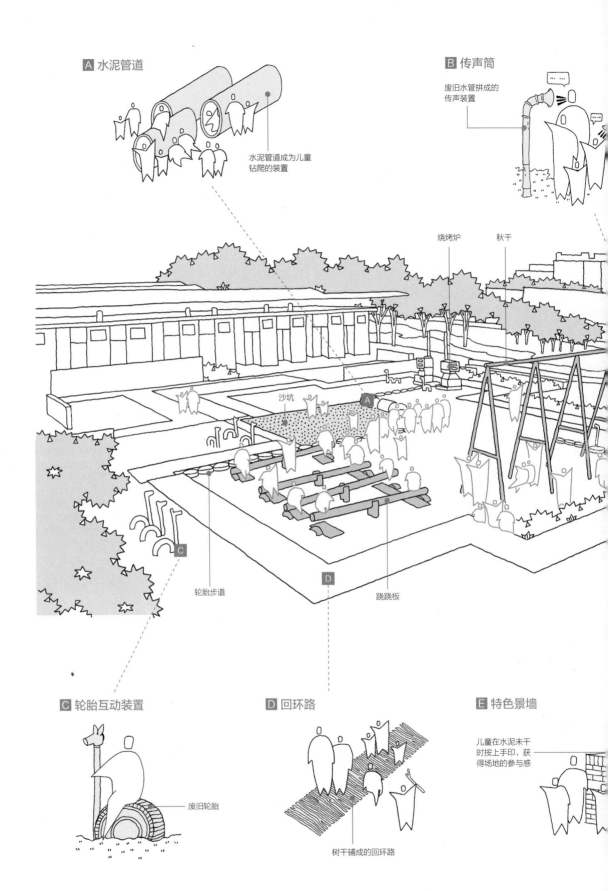

A 水泥管道

水泥管道成为儿童
钻爬的装置

B 传声筒

废旧水管拼成的
传声装置

烧烤炉　秋千

沙坑

轮胎步道

跷跷板

C 轮胎互动装置

废旧轮胎

D 回环路

树干铺成的回环路

E 特色景墙

儿童在水泥未干
时按上手印，获
得场地的参与感

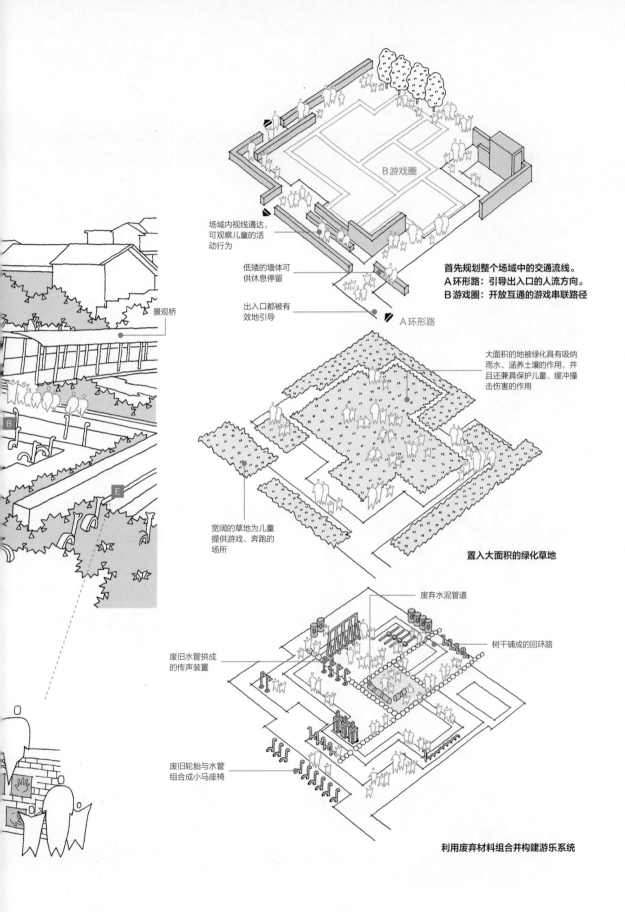

场域内视线通达，
可观察儿童的活
动行为

低矮的墙体可
供休息停留

出入口都被有
效地引导

A环形路

B 游戏圈

首先规划整个场域中的交通流线。
A环形路：引导出入口的人流方向。
B游戏圈：开放互通的游戏串联路径

景观桥

大面积的地被绿化具有吸纳
雨水、涵养土壤的作用，并
且还兼具保护儿童、缓冲撞
击伤害的作用

宽阔的草地为儿童
提供游戏、奔跑的
场所

置入大面积的绿化草地

废弃水泥管道

废旧水管拼成
的传声装置

树干铺成的回环路

废旧轮胎与水管
组合成小马座椅

利用废弃材料组合并构建游乐系统

（2）低成本设计的乡村景观桥梁

　　南北走向的河流将村落分隔为两个部分。在丰水期，原有的简易过河桥十分危险，也阻挡着村落东西双向的联系。因此，需要首先解决桥梁问题。该方案在设计桥梁时使用低成本材料，利用质朴高效的施工技术，为场地赋予地域特色的同时，也提高了道路的通行能力。

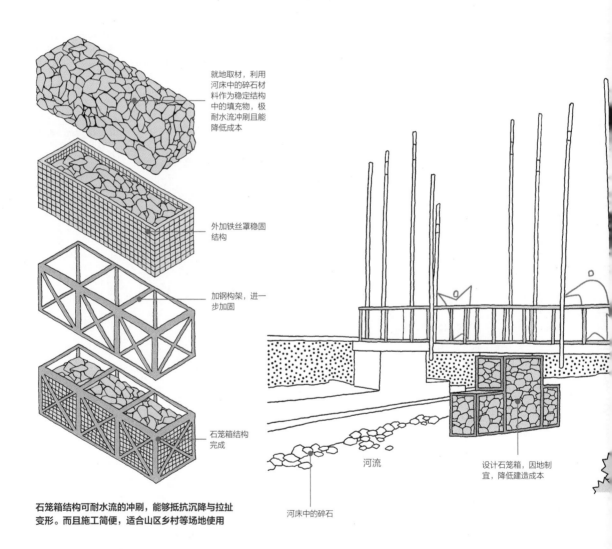

就地取材，利用河床中的碎石材料作为稳定结构中的填充物，极耐水流冲刷且能降低成本

外加铁丝罩稳固结构

加钢构架，进一步加固

石笼箱结构完成

石笼箱结构可耐水流的冲刷，能够抵抗沉降与拉扯变形。而且施工简便，适合山区乡村等场地使用

河流

河床中的碎石

设计石笼箱，因地制宜，降低建造成本

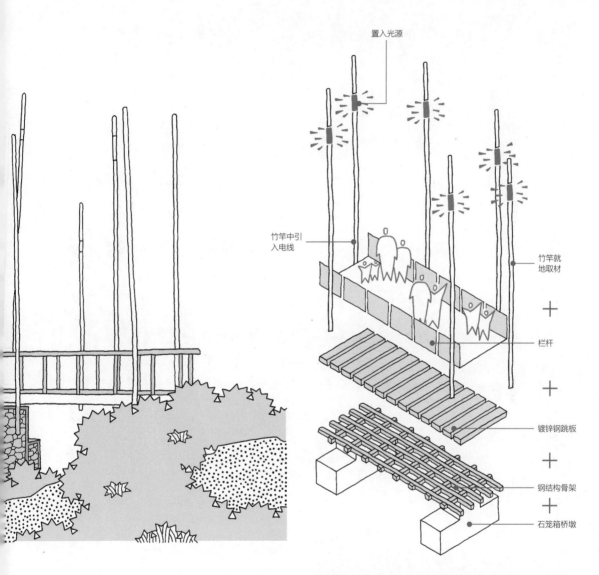

置入光源

竹竿中引入电线

竹竿就地取材

栏杆

镀锌钢跳板

钢结构骨架

石笼箱桥墩

降低造桥工艺的复杂度，首选当地易得且简便的材料，桥体造型倾向质朴的风格，易融入周边环境

第**8**章

遗址公园景观

8.1 尊重自然生态，以低介入的手法修复、完善地貌景观

（1）特殊地质环境的保护与修复思路

提出林相更替策略，改善植物群落单一的问题，利用当地气候和土壤条件涵养水源。在游线的处理上，高架栈道形成独立的交通系统，减少对植被和地质景观的破坏，以低影响、低维护、低造价的理念来进行场地的保护与开发。

场域背景

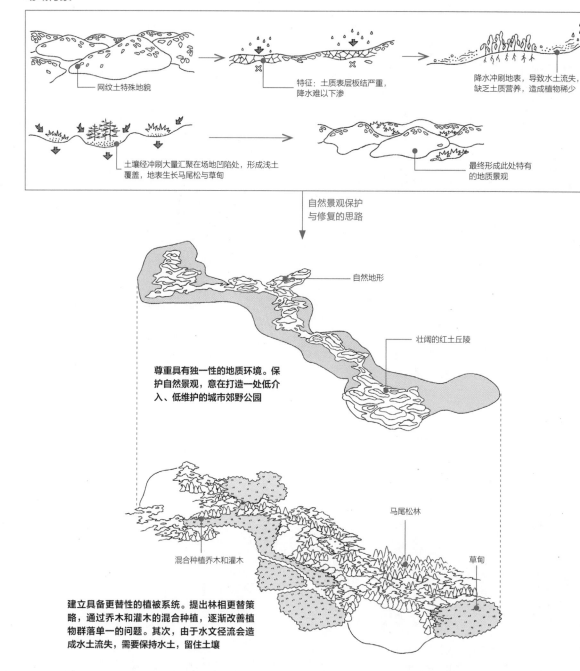

网纹土特殊地貌

特征：土质表层板结严重，降水难以下渗

降水冲刷地表，导致水土流失，缺乏土质营养，造成植物稀少

土壤经冲刷大量汇聚在场地凹陷处，形成浅土覆盖，地表生长马尾松与草甸

最终形成此处特有的地质景观

自然景观保护与修复的思路

自然地形

壮阔的红土丘陵

尊重具有独一性的地质环境。保护自然景观，意在打造一处低介入、低维护的城市郊野公园

马尾松林

草甸

混合种植乔木和灌木

建立具备更替性的植被系统。提出林相更替策略，通过乔木和灌木的混合种植，逐渐改善植物群落单一的问题。其次，由于水文径流会造成水土流失，需要保持水土，留住土壤

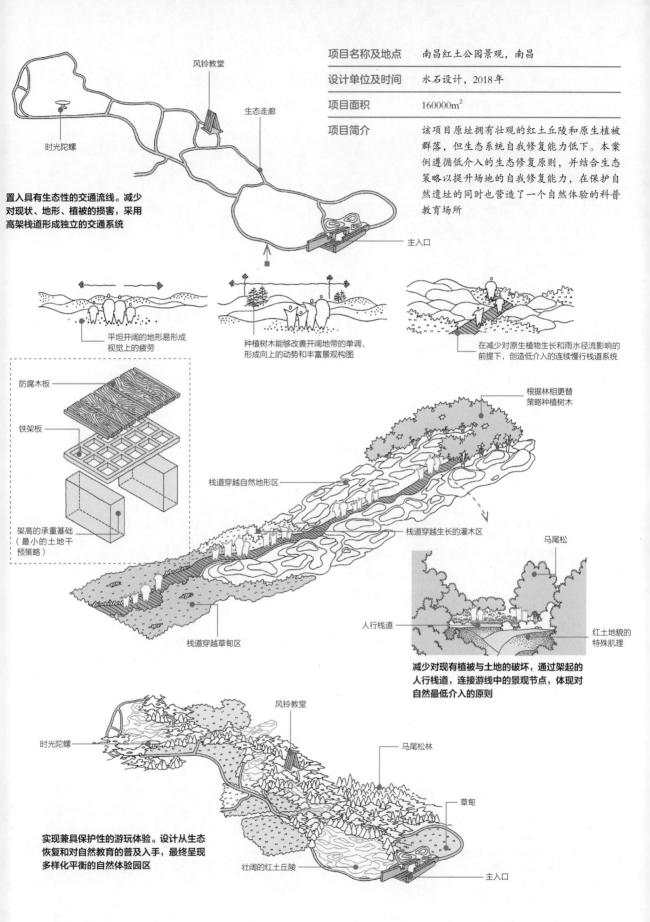

项目名称及地点	南昌红土公园景观，南昌
设计单位及时间	水石设计，2018年
项目面积	160000m²
项目简介	该项目原址拥有壮观的红土丘陵和原生植被群落，但生态系统自我修复能力低下。本案例遵循低介入的生态修复原则，并结合生态策略以提升场地的自我修复能力，在保护自然遗址的同时也营造了一个自然体验的科普教育场所

风铃教堂

生态走廊

时光陀螺

主入口

置入具有生态性的交通流线。减少对现状、地形、植被的损害，采用高架栈道形成独立的交通系统

平坦开阔的地形易形成视觉上的疲劳

种植树木能够改善开阔地带的单调，形成向上的动势和丰富景观构图

在减少对原生植物生长和雨水径流影响的前提下，创造低介入的连续慢行栈道系统

防腐木板

铁架板

架高的承重基础（最小的土地干预策略）

根据林相更替策略种植树木

栈道穿越自然地形区

栈道穿越生长的灌木区

马尾松

人行栈道

红土地貌的特殊肌理

栈道穿越草甸区

减少对现有植被与土地的破坏，通过架起的人行栈道，连接游线中的景观节点，体现对自然最低介入的原则

时光陀螺

风铃教堂

马尾松林

草甸

实现兼具保护性的游玩体验。设计从生态恢复和对自然教育的普及入手，最终呈现多样化平衡的自然体验园区

壮阔的红土丘陵

主入口

（2）结合游线布置主题性的场所空间

红土公园中提取了多个具有代表性的元素符号，并将符号融入各功能区域之中，既丰富了场地的内涵也达到了科普教育的目的。

E 与自然地貌的再次亲近（结束）

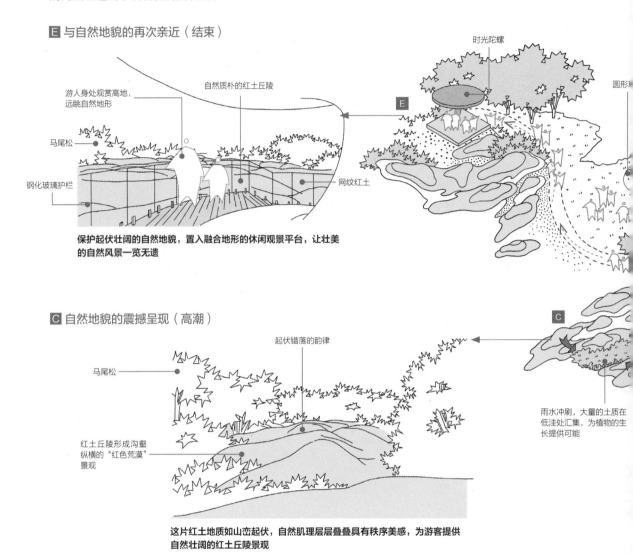

游人身处观赏高地，远眺自然地形

自然质朴的红土丘陵

时光陀螺

圆形

马尾松

钢化玻璃护栏

网纹红土

保护起伏壮阔的自然地貌，置入融合地形的休闲观景平台，让壮美的自然风景一览无遗

E

C

雨水冲刷，大量的土质在低洼处汇集，为植物的生长提供可能

C 自然地貌的震撼呈现（高潮）

起伏错落的韵律

马尾松

红土丘陵形成沟壑纵横的"红色荒漠"景观

这片红土地质如山峦起伏，自然肌理层层叠叠具有秩序美感，为游客提供自然壮阔的红土丘陵景观

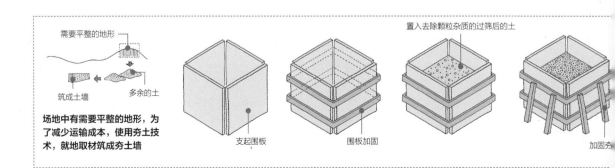

需要平整的地形

筑成土墙

多余的土

置入去除颗粒杂质的过筛后的土

场地中有需要平整的地形，为了减少运输成本，使用夯土技术，就地取材筑成夯土墙

支起围板

围板加固

加固夯

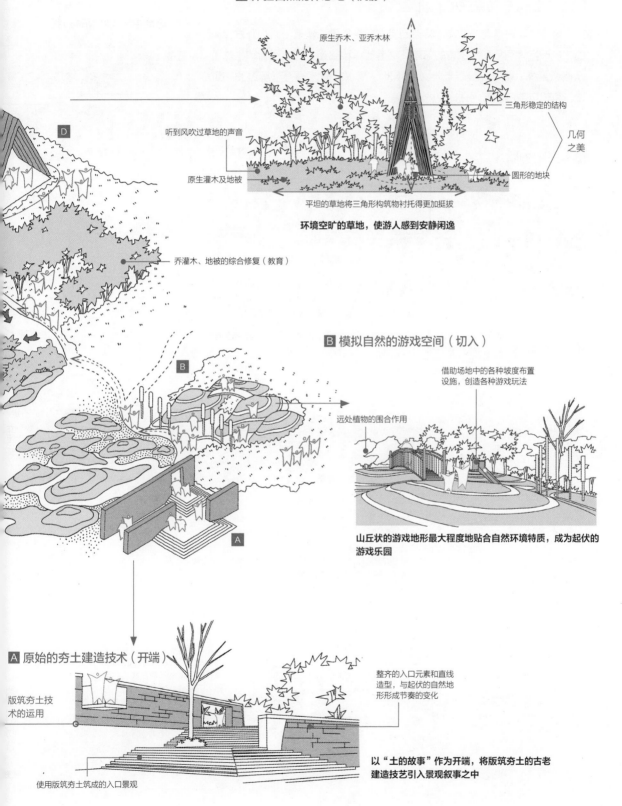

D 体验自然的休憩地（沉静）

原生乔木、亚乔木林

听到风吹过草地的声音

原生灌木及地被

三角形稳定的结构

几何之美

圆形的地块

平坦的草地将三角形构筑物衬托得更加挺拔

环境空旷的草地，使游人感到安静闲逸

乔灌木、地被的综合修复（教育）

B 模拟自然的游戏空间（切入）

借助场地中的各种坡度布置设施，创造各种游戏玩法

远处植物的围合作用

山丘状的游戏地形最大程度地贴合自然环境特质，成为起伏的游戏乐园

A 原始的夯土建造技术（开端）

整齐的入口元素和直线造型，与起伏的自然地形形成节奏的变化

版筑夯土技术的运用

使用版筑夯土筑成的入口景观

以"土的故事"作为开端，将版筑夯土的古老建造技艺引入景观叙事之中

8.2 梯级场域的水净化过程

（1）工业遗产与景观的有机融合

尊重与保护具有场地文化特性的自然植物和工业建筑，减少开发带来的二次破坏。利用场地原有的落差，结合池体和管道，打造适合的生态雨水循环系统。雨水流经沉淀池、储水池、雨水花园，进行层层过滤和沉淀，再现了昔日园区水体净化的全过程。

场地中的雨水循环过程

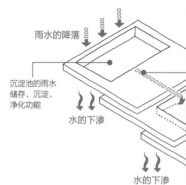

雨水的降落

沉淀池的雨水
储存、沉淀、
净化功能

水的下渗

水的下渗

A 露天沉淀池

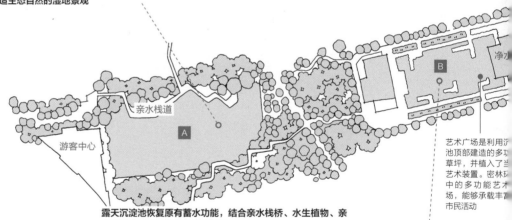

观景台

茂密的乔木林成为
场地的绿色背景

亲水栈道

原有的露天沉淀池

水池边增补亲水植物

利用原有的露天沉淀池来储存、沉淀、净化雨水，成为场地雨水循环的第一步。岸边种植多样化的喜水植物，打造生态自然的湿地景观

亲水栈道

A

游客中心

净水

B

艺术广场是利用沉
池顶部建造的多功
草坪，并植入了当
艺术装置。密林
中的多功能艺术
场，能够承载丰富
市民活动

露天沉淀池恢复原有蓄水功能，结合亲水栈桥、水生植物、亲水平台等共同打造生态湿地系统

B 艺术广场

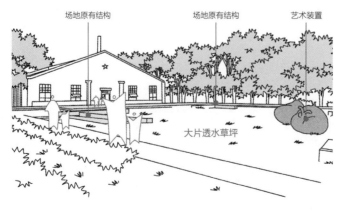

场地原有结构

场地原有结构

艺术装置

大片透水草坪

艺术广场保留了场地原有的结
构，让人感受到独特的场域
精神。宽阔的草坪鼓励人群聚
集，开展集会等艺术活动。艺
术广场下的储水池成为场地雨
水循环的第二步

项目名称及地点	长春水文化生态园，长春
设计单位及时间	水石设计，2016年
项目面积	300000m²
项目背景	项目原址是一座废旧水厂，有其独特的净水系统遗留和长势良好的生态绿地。改造后的生态园将珍贵的工业遗产保留下来，并与自然景观有机融合，成为城市再生及工业遗产保护的典范

内部的管道，
艺术广场下的
池

艺术广场下的储水池
对雨水进行储存、沉
淀、净化

利用场地中的高差，形成
完整的综合净化系统

通过内部的管道，
流经雨水花园

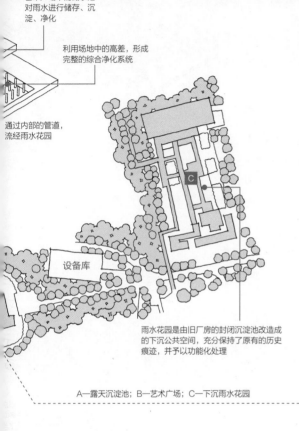

设备库

雨水花园是由旧厂房的封闭沉淀池改造成
的下沉公共空间，充分保持了原有的历史
痕迹，并予以功能化处理

A—露天沉淀池；B—艺术广场；C—下沉雨水花园

架空的雨水过滤系统

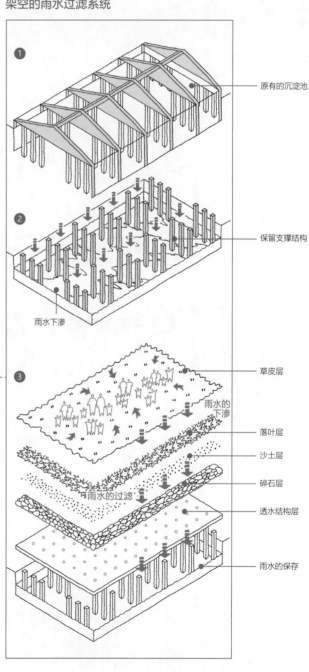

① 原有的沉淀池

② 保留支撑结构

雨水下渗

③ 草皮层

雨水的
下渗

落叶层

沙土层

碎石层

雨水的过滤

透水结构层

雨水的保存

远处的绿色树冠   爬藤植物   休闲座椅

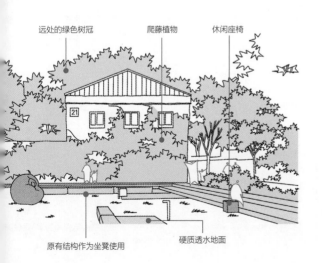

原有结构作为坐凳使用   硬质透水地面

（2）工业厂房区域的景观空间改造

　　由工业厂房改造成的下沉雨水花园保留了池壁斑驳的肌理，保护并利用了工业厂房的结构，花园上层的景观廊桥由原来的通风道改造而成，结合下层的铁格栅步道，将上下空间连通起来，突显了工业风格的特质。

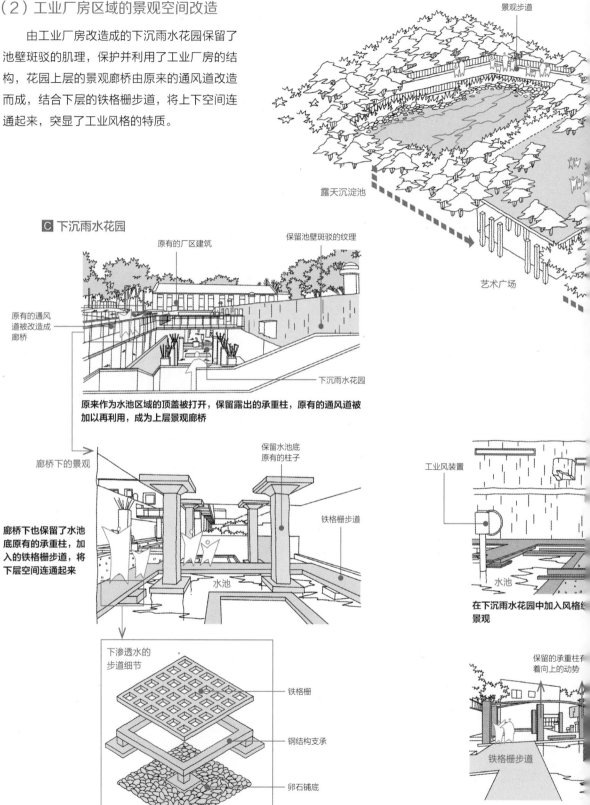

景观步道

露天沉淀池

艺术广场

C 下沉雨水花园

原有的厂区建筑

保留池壁斑驳的纹理

原有的通风道被改造成廊桥

下沉雨水花园

原来作为水池区域的顶盖被打开，保留露出的承重柱，原有的通风道被加以再利用，成为上层景观廊桥

廊桥下的景观

保留水池底原有的柱子

铁格栅步道

廊桥下也保留了水池底原有的承重柱，加入的铁格栅步道，将下层空间连通起来

水池

工业风装置

水池

在下沉雨水花园中加入风格~
景观

下渗透水的步道细节

铁格栅

钢结构支承

卵石铺底

保留的承重柱有着向上的动势

铁格栅步道

下沉空间与保留的承重柱的底~

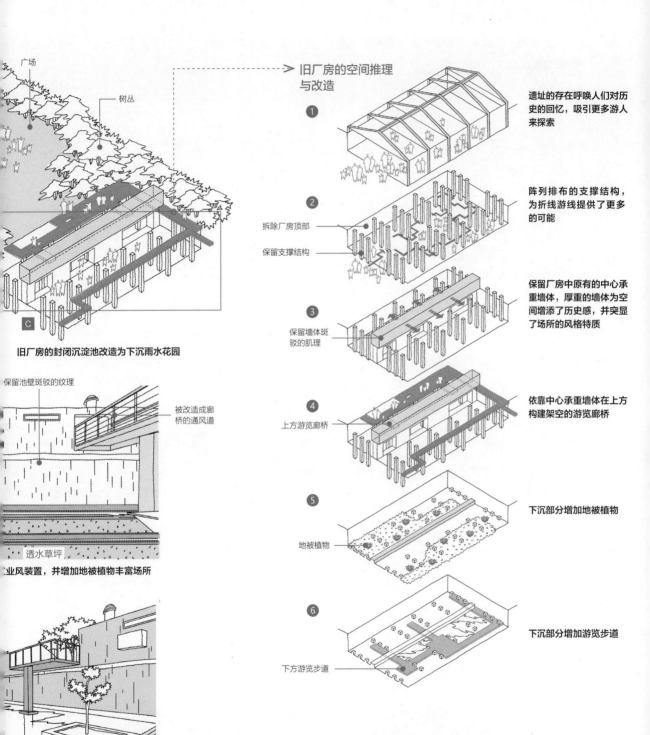

广场

树丛

C

旧厂房的封闭沉淀池改造为下沉雨水花园

保留池壁斑驳的纹理

被改造成廊桥的通风道

透水草坪

业风装置,并增加地被植物丰富场所

形成冲突,让空间变化更加丰富

旧厂房的空间推理
与改造

❶ 遗址的存在呼唤人们对历史的回忆,吸引更多游人来探索

❷ 拆除厂房顶部
保留支撑结构
阵列排布的支撑结构,为折线游线提供了更多的可能

❸ 保留墙体斑驳的肌理
保留厂房中原有的中心承重墙体,厚重的墙体为空间增添了历史感,并突显了场所的风格特质

❹ 上方游览廊桥
依靠中心承重墙体在上方构建架空的游览廊桥

❺ 地被植物
下沉部分增加地被植物

❻ 下方游览步道
下沉部分增加游览步道

209

8.3 利用亲水护岸解决水位变化的生态船厂公园

（1）将工业遗产存融于当代生活之中

充分利用船厂原有的植被和工业建筑进行创作，运用景观轴线将具有标志性的节点串联起来，形成以工业历史为主题的公园。

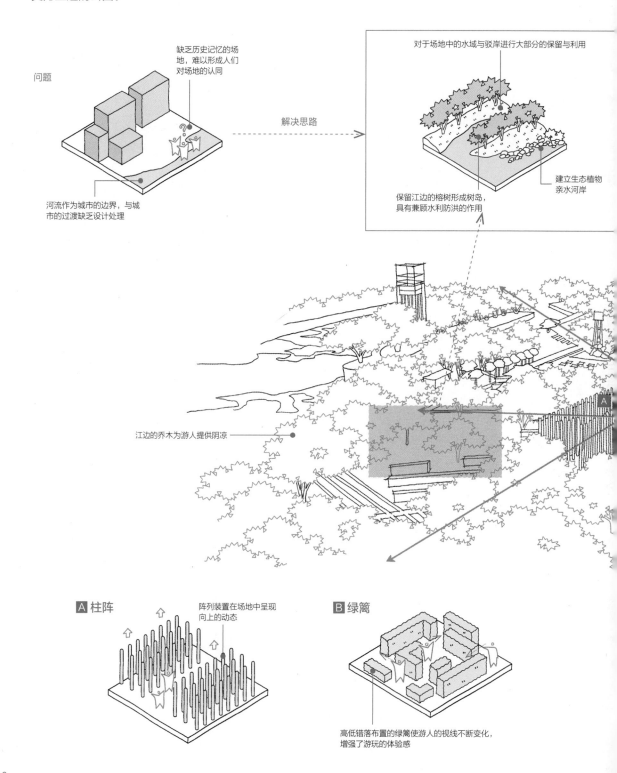

问题

缺乏历史记忆的场地，难以形成人们对场地的认同

河流作为城市的边界，与城市的过渡缺乏设计处理

解决思路

对于场地中的水域与驳岸进行大部分的保留与利用

建立生态植物亲水河岸

保留江边的榕树形成树岛，具有兼顾水利防洪的作用

江边的乔木为游人提供阴凉

A 柱阵

阵列装置在场地中呈现向上的动态

B 绿篱

高低错落布置的绿篱使游人的视线不断变化，增强了游玩的体验感

210

项目名称及地点	广东中山岐江公园，广东省中山市
设计单位及时间	土人设计，2001年
项目面积	110000m²
项目简介	岐江公园的原址是废弃的造船厂，公园内水面受海潮影响，日水位变化较大。改造后的公园利用船厂的原有优势将其打造为开放的城市滨水公园，利用水位的变化满足了游人亲水、戏水的需要

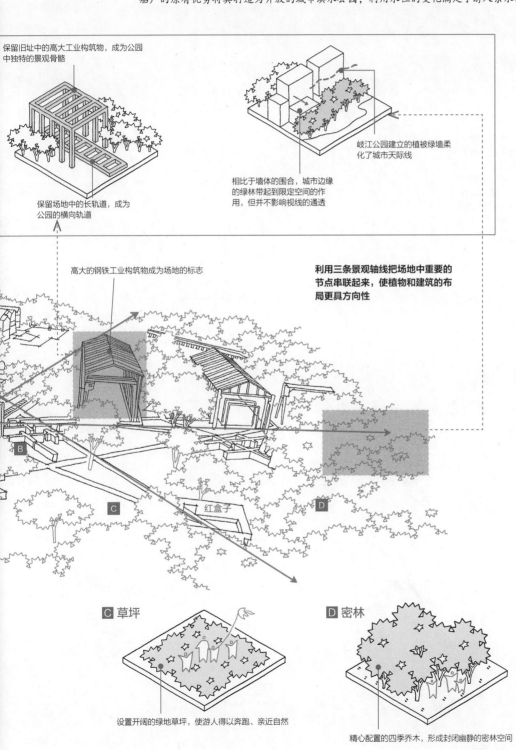

保留旧址中的高大工业构筑物，成为公园中独特的景观骨骼

保留场地中的长轨道，成为公园的横向轨道

岐江公园建立的植被绿墙柔化了城市天际线

相比于墙体的围合，城市边缘的绿林带起到限定空间的作用，但并不影响视线的通透

高大的钢铁工业构筑物成为场地的标志

利用三条景观轴线把场地中重要的节点串联起来，使植物和建筑的布局更具方向性

B

C

红盒子

D

C 草坪

设置开阔的绿地草坪，使游人得以奔跑、亲近自然

D 密林

精心配置的四季乔木，形成封闭幽静的密林空间

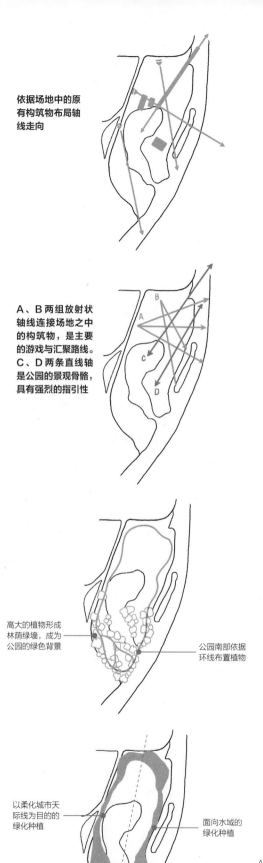

依据场地中的原
有构筑物布局轴
线走向

A、B两组放射状
轴线连接场地之中
的构筑物，是主要
的游戏与汇聚路线。
C、D两条直线轴
是公园的景观骨骼，
具有强烈的指引性

高大的植物形成
林荫绿墙，成为
公园的绿色背景

公园南部依据
环线布置植物

以柔化城市天
际线为目的的
绿化种植

面向水域的
绿化种植

**场地的绿化布局具有
明显的环形特征**

游艇俱乐部

划船服务设施

A—红盒子；B—滨水漫步景观；
C—亲水式生态湖岸；
D—江边绿荫休憩空间

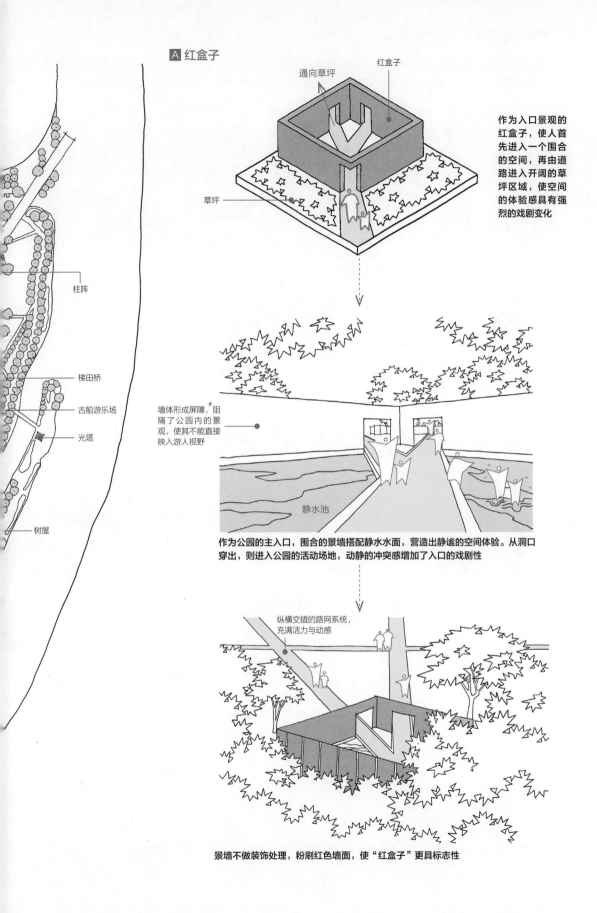

A 红盒子

通向草坪

红盒子

草坪

作为入口景观的红盒子,使人首先进入一个围合的空间,再由道路进入开阔的草坪区域,使空间的体验感具有强烈的戏剧变化

柱阵

梯田桥

古船游乐场

光塔

树屋

墙体形成屏障,阻隔了公园内的景观,使其不能直接映入游人视野

静水池

作为公园的主入口,围合的景墙搭配静水水面,营造出静谧的空间体验。从洞口穿出,则进入公园的活动场地,动静的冲突感增加了入口的戏剧性

纵横交错的路网系统,充满活力与动感

景墙不做装饰处理,粉刷红色墙面,使"红盒子"更具标志性

（2）创造亲水性的生态绿色护岸

　　岐江公园采用栈桥式亲水湖岸的设计，在水陆边界设置梯田式种植台、临水栈桥，选择乡土植物形成水际植物群落，解决了水位多变、有大量淤泥的问题，并保证生态护岸为使用者提供舒适宜人的亲水环境。

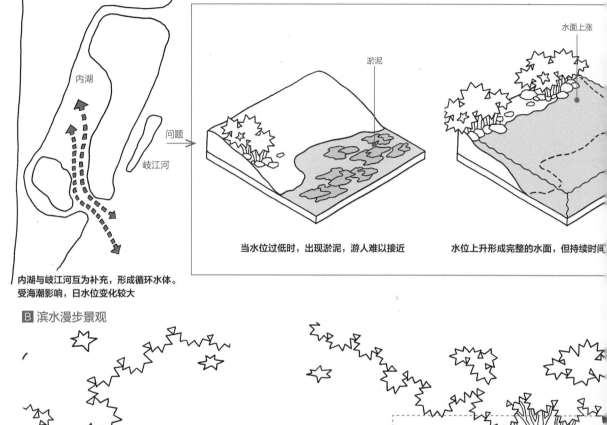

内湖

岐江河

问题

淤泥

水面上涨

当水位过低时，出现淤泥，游人难以接近

水位上升形成完整的水面，但持续时间

内湖与岐江河互为补充，形成循环水体。
受海潮影响，日水位变化较大

Ｂ 滨水漫步景观

游人视线被引向广阔的湖面

戏水

漫步

交流

植物形成的绿色边界

为了应对水位上升，采用逐步抬升的步道设计

在滨水区设置阶梯座椅和宽阔的木质铺装道路，将游客的视线引向开阔的湖面，增加了人们与河流之间的互动机会

措施 →

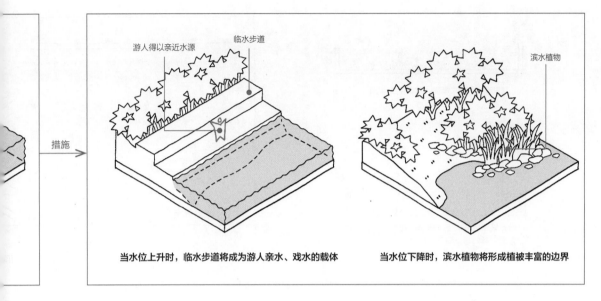

当水位上升时，临水步道将成为游人亲水、戏水的载体

当水位下降时，滨水植物将形成植被丰富的边界

水位时 →

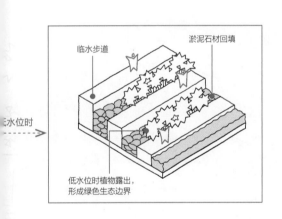

高水位时 →

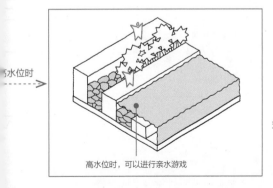

C 亲水式生态湖岸

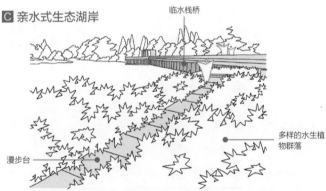

不管是架空于水面之上的栈桥还是临水而设的漫步台，都体现着设计对于水环境的尊重，并极力创造游人亲身参与的机会

D 江边绿荫休憩空间

休闲区域的空间营造，重在游人游玩体验的提升，林下清爽舒适，林间鸟语花香，都在直接或间接地增添空间的品质

215

8.4 利用下沉场地改造流动戏水空间

没有风格特质的景观，难以使人认同

具有城市特质或是城市记忆的景观，更能唤起
人们的共鸣与认同

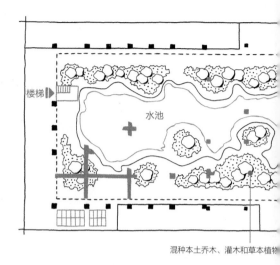

楼梯

水池

混种本土乔木、灌木和草本植物

遗址的保留与空间重塑

（1）保留建筑构件以呼唤对场所的历史记忆

　　拆除废弃的购物中心并保留部分建筑构件，形成饱含时代痕迹的新场所。被保留的混凝土框架唤醒人们对曾经繁华的商业中心的回忆，增强了人们对场所的认同感。

项目名称及地点	河乐广场，中国台湾
设计单位及时间	MVRDV，2020年
项目面积	未知
项目简介	被时代抛弃的商业区应该通过何种方式重新焕发活力？河乐广场的设计给了我们启迪。由废弃购物中心改建而成的河乐广场保留了部分建筑结构作为过去的记忆，将一座城市商业场所转变为一个充满活力与趣味的下沉式露天亲水广场

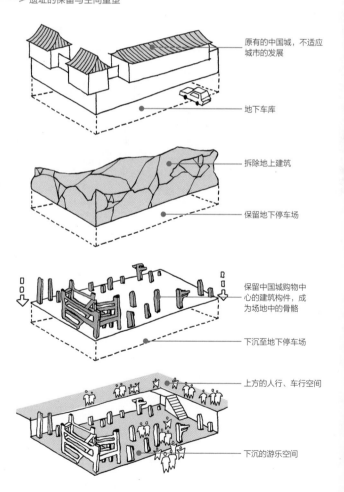

原有的中国城，不适应城市的发展

地下车库

拆除地上建筑

保留地下停车场

保留中国城购物中心的建筑构件，成为场地中的骨骼

下沉至地下停车场

上方的人行、车行空间

下沉的游乐空间

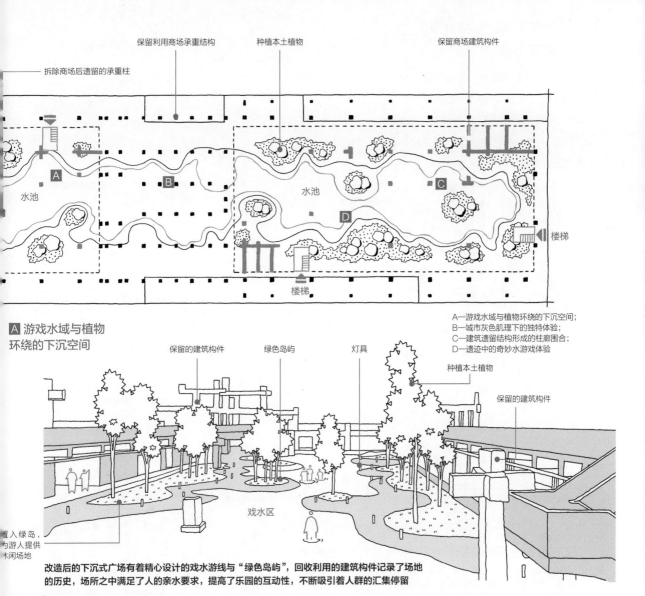

拆除商场后遗留的承重柱

保留利用商场承重结构

种植本土植物

保留商场建筑构件

水池

水池

A

B

C

D

楼梯

楼梯

A—游戏水域与植物环绕的下沉空间；
B—城市灰色肌理下的独特体验；
C—建筑遗留结构形成的柱廊围合；
D—遗迹中的奇妙水游戏体验

A 游戏水域与植物环绕的下沉空间

保留的建筑构件

绿色岛屿

灯具

种植本土植物

保留的建筑构件

置入绿岛，为游人提供休闲场地

戏水区

改造后的下沉式广场有着精心设计的戏水游线与"绿色岛屿"，回收利用的建筑构件记录了场地的历史，场所之中满足了人的亲水要求，提高了乐园的互动性，不断吸引着人群的汇集停留

B 城市灰色肌理下的独特体验

阵列的梁柱承重结构

平静的水面

起伏的地形小岛

桥墩下方呈阵列排布的梁柱结构，结合清澈平静的水面，以及如丘陵般起伏的地形，塑造出静谧、阴凉的休闲放松场所

（2）利用流线路径提升下沉空间的体验感

河乐公园中运用了大量自由变化的曲线，结合下沉广场的微地形，形成蜿蜒的水岸边界线和弯曲的步道。在旱、雨两季，水池水位呈现不同的变化，是场地生命力的体现。

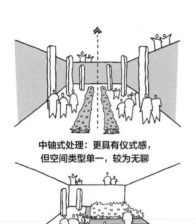

中轴式处理：更具有仪式感，但空间类型单一，较为无聊

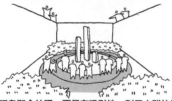

穿插式处理：更具有便利性，多用于商业办公环境，但不利于人群的停留

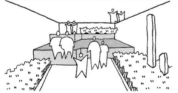

环岛聚合处理：更具有吸引性，利于人群的停留，但对场地要求高，适合平坦开阔的空间

台地式处理：空间的结构层次更加丰富，游人玩乐的视线更加多变

流线式处理：模糊功能的边界更利于人群游玩，增加游戏的体验

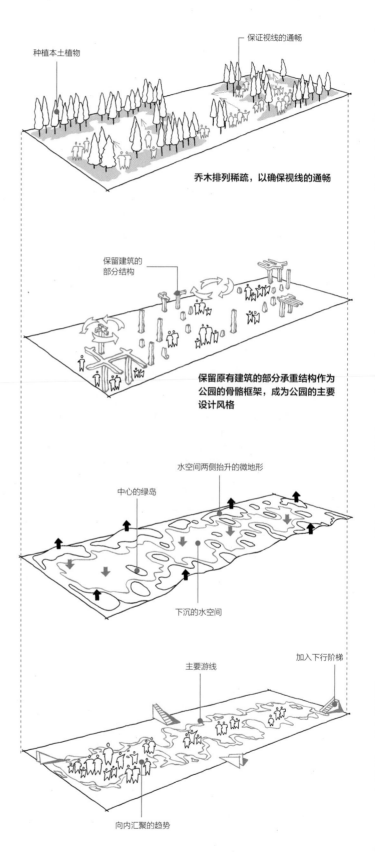

乔木排列稀疏，以确保视线的通畅

种植本土植物

保证视线的通畅

保留建筑的部分结构

保留原有建筑的部分承重结构作为公园的骨骼框架，成为公园的主要设计风格

中心的绿岛

水空间两侧抬升的微地形

下沉的水空间

主要游线

加入下行阶梯

向内汇聚的趋势

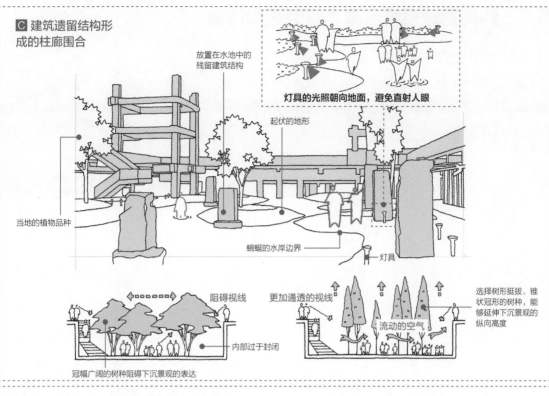

C 建筑遗留结构形成的柱廊围合

灯具的光照朝向地面，避免直射人眼

放置在水池中的残留建筑结构

起伏的地形

当地的植物品种

蜿蜒的水岸边界

灯具

阻碍视线

更加通透的视线

选择树形挺拔、锥状冠形的树种，能够延伸下沉景观的纵向高度

流动的空气

内部过于封闭

冠幅广阔的树种阻碍下沉景观的表达

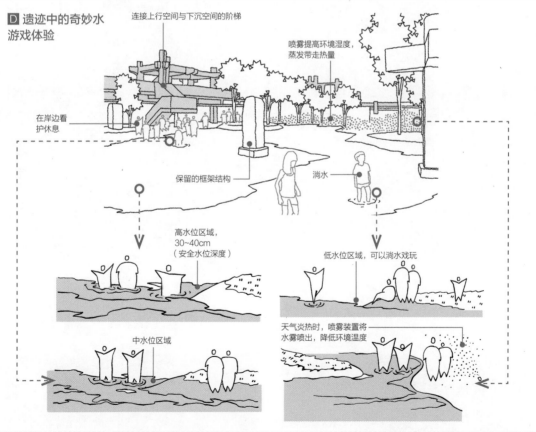

D 遗迹中的奇妙水游戏体验

连接上行空间与下沉空间的阶梯

喷雾提高环境湿度，蒸发带走热量

在岸边看护休息

保留的框架结构

淌水

高水位区域，30~40cm（安全水位深度）

低水位区域，可以淌水戏玩

中水位区域

天气炎热时，喷雾装置将水雾喷出，降低环境温度

8.5 利用管道系统形成丰富的游线体验

（1）以起伏多变的环境构成儿童游戏体验

借助建筑围合形成连接屋顶与地面的山丘体系，夸张起伏的地形、私密的地下活动空间吸引儿童探索。跳床、旱喷、管道、滑梯等装置的加入增加了场地游乐的多样性，引发儿童多种行为。

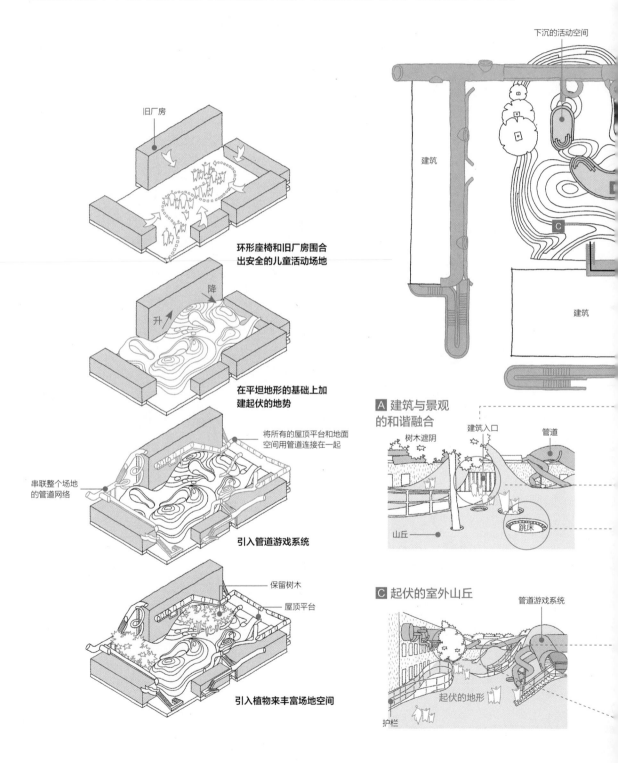

旧厂房

环形座椅和旧厂房围合
出安全的儿童活动场地

升　降

在平坦地形的基础上加
建起伏的地势

将所有的屋顶平台和地面
空间用管道连接在一起

串联整个场地
的管道网络

引入管道游戏系统

保留树木

屋顶平台

引入植物来丰富场地空间

下沉的活动空间

建筑

C

建筑

A 建筑与景观
的和谐融合

树木遮阴　建筑入口　管道

山丘　跳床

C 起伏的室外山丘

管道游戏系统

起伏的地形

护栏

项目名称及地点	北京纺织厂管道乐园,北京市朝阳区
设计单位及时间	waa 未觉建筑,2018年
项目面积	3921.26m²
项目简介	该项目位于北京原纺织厂厂房内,由五栋旧厂房围合出一块场地,形成封闭、安全的活动环境,对于儿童游乐场的构建十分有利。帮助儿童认知他们的全部感觉器官是本次设计的重点,有助于儿童的早期成长

A—建筑与景观的和谐融合;
B—下沉的山丘喷泉;
C—起伏的室外山丘;
D—功能多样的游戏空间

单一设施的细节处理

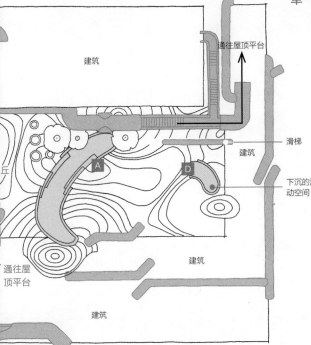

通往屋顶平台

建筑

滑梯

建筑

下沉的活动空间

通往屋顶平台

建筑

建筑

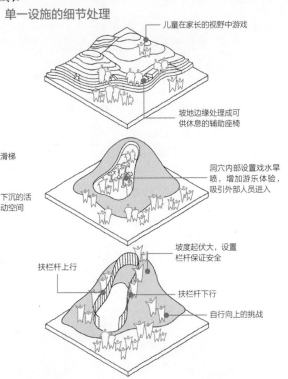

儿童在家长的视野中游戏

坡地边缘处理成可供休息的辅助座椅

洞穴内部设置戏水旱喷,增加游乐体验,吸引外部人员进入

坡度起伏大,设置栏杆保证安全

扶栏杆上行

扶栏杆下行

自行向上的挑战

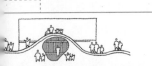

与建筑相连,扩展成建筑入口的前厅

跳床

加入跳床元素增加游乐的多样性

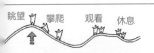

眺望　攀爬　观看　休息

夸张起伏的地形,增加场地的探索性

树荫遮蔽

留场地中的树木,并在坡地中留出树洞

B 下沉的山丘喷泉

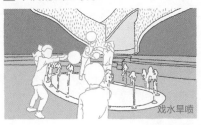

戏水旱喷

D 功能多样的游戏空间

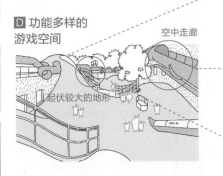

空中走廊

起伏较大的地形

开阔

封闭

起伏较大的地形构成开阔的地下空间

多变的地形变化吸引更多的儿童参与其中

开阔

封闭

用管道形成架空的空中走廊

滑梯连接了建筑顶层与游戏坡地,丰富了景观竖向的组织,也提供了更加便利的下行机会

（2）丰富的管道系统创造场地中的多种游戏功能

引入游戏管道系统，将屋顶平台与地面串联，或封闭、或开放，或曲直变化，或开阔、或狭窄，形成可供儿童探索与挑战的游戏场所。

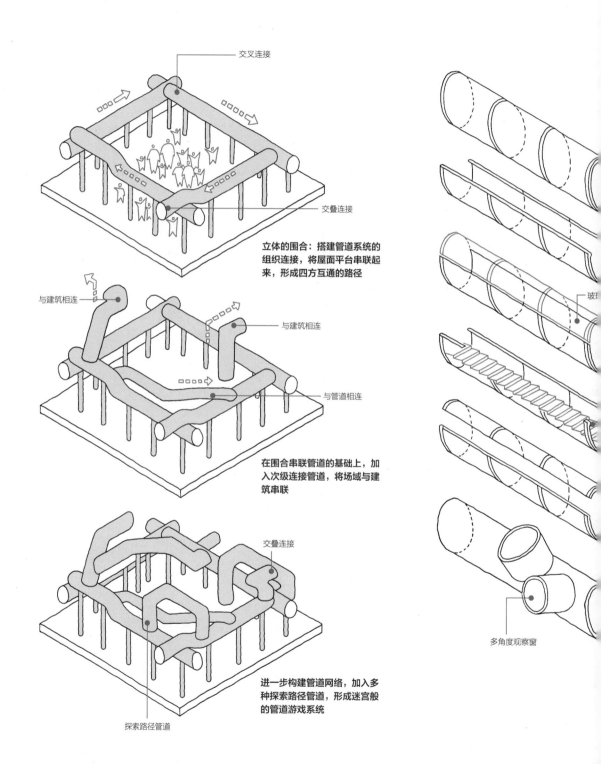

交叉连接

交叠连接

立体的围合：搭建管道系统的组织连接，将屋面平台串联起来，形成四方互通的路径

与建筑相连

与建筑相连

与管道相连

在围合串联管道的基础上，加入次级连接管道，将场域与建筑串联

交叠连接

玻璃

多角度观察窗

探索路径管道

进一步构建管道网络，加入多种探索路径管道，形成迷宫般的管道游戏系统

222

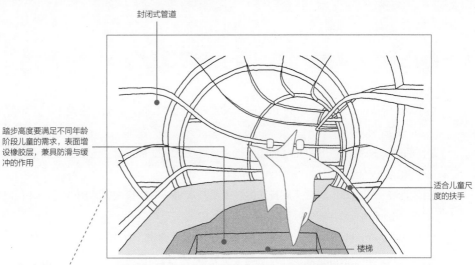

封闭式管道

踏步高度要满足不同年龄阶段儿童的需求，表面增设橡胶层，兼具防滑与缓冲的作用

适合儿童尺度的扶手

楼梯

小空间的管道设计，鼓励儿童用自己的身体去感知和判断，唤起所有的感官，提高身体的协调和运动能力

视线受阻

封闭式管道：
引导儿童快速通过，管道形成躲藏的空间，强化探索式体验

通透的视线

半开放管道：
引导儿童短暂停留，管道开放的高度要易于儿童观察，同时兼具安全性

通透的视线

加入通透玻璃：
保持视线通透并能够遮风挡雨，形成安全的小空间

橡胶

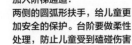

加入阶梯通道：
两侧的圆弧形扶手，给儿童更加安全的保护。台阶要做柔性处理，防止儿童受到磕碰伤害

屋顶：一个俯视全貌的高点

半开放管道

观看四周景物

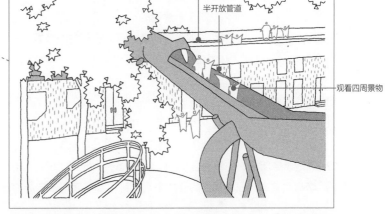

利用起伏的地形设计管道娱乐设施，为儿童提供多种多样的活动，促使其通过感官和肢体去探索环境

特定角度开口：
遮挡不利景观，引导视线

精心设计的观察窗

半开放管道

观察角度不同

游戏的活动方向

精心设计的观察窗：
引导儿童停留，并从特定角度进行观察

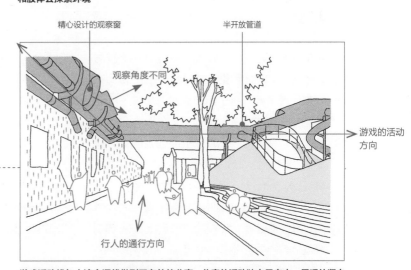

行人的通行方向

游戏活动线与人流交通线做到了有效的分离，儿童的活动独立且自由，景观的竖向空间组织有序，是科学与合理的集中体现

参考文献

[1]Zizu Studio. 重新呼吸的土地——深圳梅丰社区公园，深圳，中国［J］. 世界建筑，2021(04)：62-67.

[2]DDON BEIJING STUDIO6设计团队. 北京大兴龙熙旭辉住宅社区公园［J］. 中国电梯，2018，29(04)：49.

[3]周俊黎，周建华. 玛莎·施瓦茨的艺术景观探析——以重庆凤鸣山公园为例［J］. 西南师范大学学报(自然科学版)，2015，40(09)：132-138.

[4]WANG Xinxin. 昌里园，上海，中国［J］. 世界建筑，2022(04)：44-47.

[5]金秋雨. 邻里公园景观设计方法与实例分析——玛丽巴特莫公园与深湾街心公园功能分区及景观处理特点比较与分析［J］. 现代园艺，2022，45(03)：124-126.

[6]蔡烨震，何佳豪. 人文语境下新商业环境的照明设计探索——以The Roof恒基·旭辉天地设计为例［J］. 照明工程学报，2021，32(04)：177-181.

[7]蔡盛林. 深圳大沙河生态景观建设的实践与思考［J］. 广东园林，2020，42(04)：46-51.

[8]王庆，李勇，胡卫华. 深圳大沙河上段滨河景观生态修复［J］. 园林，2017(07)：21-25.

[9]俞孔坚，俞文宇，林国雄，等. 将营养流慢下来——海口市美舍河凤翔公园生态设计［J］. 景观设计学，2019，7(06)：102-115.

[10]URENSCAPE Co，Ltd. 海口美舍河凤翔公园［J］. 建筑实践，2021(01)：66-71.

[11]栾博，王鑫，金越延，等. 场地尺度绿色基础设施的协同设计——以咸阳渭柳湿地公园生态修复设计为例［J］. 景观设计学，2017，5(05)：26-43.

[12]译地事务所. 蚝乡湖公园［J］. 景观设计，2021(05)：100-109.

[13]李聪，王志仁. 人性化的公共空间更新：以台南河乐广场为例［J］. 公共艺术，2020(04)：100-107.

[14]朱育帆，QI Yiyi. 辰山植物园矿坑花园，上海，中国［J］. 世界建筑，2017(09)：96-97.

[15]王建国，朱渊，姚昕悦，等. 汤山矿坑公园茶室，南京，中国［J］. 世界建筑，2021(10)：52-57.

[16]张东，唐子颖. 南京汤山矿坑公园生态修复与景观设计［J］. 中国园林，2019，35(11)：5-12.

[17]金伟琦. 可以仰望星空的舞台——山东威海石窝剧场［J］. 设计，2019，32(24)：14-19.

[18]张东，唐子颖. 孩子们的自然博物馆——成都麓湖生态城云朵乐园［J］. 景观设计学，2017，5(06)：72-87.

[19]黄居正，马岩松，徐涛，等. 屋顶上的魔毯——关于乐成四合院幼儿园的一次对谈［J］. 建筑学报，2021(11)：55-59.

[20]MAD Architects. 乐成四合院幼儿园［J］. 建筑学报，2021(11)：48-54.

[21]黄丹霞，梁瑞华. 深圳蛇口学校广场景观改造［J］. 景观设计学，2020，8(02)：132-141.

[22]朱育帆，姚玉君. 为了那片青杨(上)——青海原子城国家级爱国主义教育示范基地纪念园景观设计解读［J］. 中国园林，2011，27(09)：1-9.

［23］朱育帆，姚玉君．为了那片青杨（中）——青海原子城国家级爱国主义教育示范基地纪念园景观设计解读［J］．中国园林，2011，27(10)：21-29.

［24］朱育帆，姚玉君．为了那片青杨（下）——青海原子城国家级爱国主义教育示范基地纪念园景观设计解读［J］．中国园林，2011，27(11)：18-25.

［25］马迪，金鑫，毛联平，等．杭州云栖小镇国际会展中心二期，浙江，中国［J］．世界建筑，2019(01)：138.

［26］VISION landscape and urban design workshop．亩中林泉引人文真趣——上海八分园［J］．风景园林，2017(11)：67-72.

［27］傅英斌，张浩然．从场地到场所—— 环境教育主题儿童乐园乙未园设计［J］．风景园林，2017(03):66-72.

［28］孙翀．城市郊野公园的观察与思考——南昌红土遗址公园设计实践［J］．景观设计学，2019，7(05)：134-145.

［29］SHVISHI．城市再生：长春水文化生态园［J］．风景园林，2020，27(01)：59-63.

［30］王荃．可持续动态景观设计方法初探——以广东中山岐江公园为例［J］．建筑学报，2009(05)：96-97.

［31］李小莹，莫昌鹏．基于乡土理念下的工业遗产景观再设计研究——以广东中山岐江公园为例［J］．城市建筑，2021，18(33)：149-151.